建筑消防科学与技术

班云霄　主编

张　丽　主审

中国铁道出版社

2016年·北京

内 容 简 介

建筑消防涉及众多的专业学科和技术技能。其消防内容涵盖土木、给水排水、建筑环境与设备、自动化等众多专业体系。作者认为：只有完整系统地理解各个学科在建筑消防中发挥的功能与作用，才能更好地从事建筑消防工作。因此，本书以规范为核心，以注册消防工程师资格考试内容为基础进行的编写，主要包括火灾发生的机理(燃烧科学)、灭火的原理及其手段和技术(灭火机理与技术)、建筑火灾的传播机理及防火措施(建筑消防基础知识及技术措施)、建筑中的逃生知识及设备防火(建筑消防设施和建筑设备防火)、建筑中最基本的消防系统——消火栓系统及最及时的水灭火系统——自动喷水灭火系统。最后介绍建筑中的自动控制系统——火灾自动报警系统。本书旨在打破建筑消防中各个专业之间的知识壁垒，重在把消防涉及的多种专业体系在建筑消防中融为一体，其主要目的是为各个专业在建筑消防工程中的设计提供一种完整的思路，防止片面理解，出现这样或那样的设计错误或不足；同时为人们在火灾发生时的自救行为提供帮助，也为将要进军消防工作的从业人员提供一种知识学库。

本书的精华在于首次提出在消火栓系统设计计算中消防系统流量的确定方法及计算方法，以及自动喷水灭火系统流量计算的准确及简便算法和水力优化设计。

本书可以作为土木、给水排水、建筑环境与设备、自动化等专业的教学用书或参考用书。

图书在版编目(CIP)数据

建筑消防科学与技术/班云霄主编 . —北京：中国
铁道出版社，2015. 4 (2016.12重印)
ISBN 978-7-113-20207-1

Ⅰ.①建… Ⅱ.①班… Ⅲ.①建筑物—消防 Ⅳ.
①TU998. 1

中国版本图书馆 CIP 数据核字 (2015) 第 068471 号

书　　名：建筑消防科学与技术
作　　者：班云霄

策　　划：曹艳芳
责任编辑：曹艳芳　　　　编辑部电话：010-51873017　　　　电子信箱：chengcheng0322@ 163. com
封面设计：王镜夷
责任校对：王　杰
责任印制：郭向伟

出版发行：中国铁道出版社(100054,北京市西城区右安门西街 8 号)
网　　址：http：//www. tdpress. com
印　　刷：虎彩印艺股份有限公司
版　　次：2015 年 4 月第 1 版　　2016 年 12 月第 2 次印刷
开　　本：710 mm×960 mm　1/16　印张：11.5　字数：216 千
书　　号：ISBN 978-7-113-20207-1
定　　价：36. 00 元

前　言

　　随着消防在国家发展中凸显出越来越重要的地位，因而编制一本建筑消防的系统书籍也就成为时代的需要。编者根据现有的建筑消防体系，分别从燃烧机理、灭火机理、灭火设备和灭火技术等基本理论入手，阐述消防在建筑中的发生、发展规律，有助于读者对建筑消防的整体认识。然后，作者从专业层面，分析各个专业对消防的技术作用，以建立各个建筑消防设计人员的关联性认识。本书以规范为核心，以注册消防工程师资格考试内容为基础进行编订，并对消火栓系统和自动喷水灭火系统提出自己的理论计算，从而为该方面的设计人员的计算提供一种简便和精确的计算。本书可以作为土木、给排水、建筑环境与设备等专业的教材和参考用书。

　　本书第 1 章由兰州交通大学常胜编写，第 2 章、第 5 章（5.4 节、5.5 节）、第 6 章、第 7 章由兰州交通大学班云霄编写，第 3 章、第 4 章由兰州交通大学杨惠君编写，第 5 章（5.1 节、5.2 节、5.3 节）由兰州铁道设计院有限公司张丽编写。全书由兰州交通大学班云霄主编，兰州铁道设计院有限公司张丽主审。

目　录

CONTENTS

1　**燃烧科学** ………………………………………………… 1

　1.1　燃烧机理 …………………………………………… 1

　1.2　燃烧方式与特点 …………………………………… 7

　1.3　燃烧产物……………………………………………… 10

2　**灭火机理及技术** ……………………………………… 14

　2.1　灭火基本原理………………………………………… 14

　2.2　灭　火　剂 ………………………………………… 20

　2.3　灭　火　器 ………………………………………… 31

　2.4　消防系统……………………………………………… 44

3　**建筑消防基础知识及技术措施** ……………………… 46

　3.1　建筑及其分类………………………………………… 46

　3.2　建筑耐火等级要求…………………………………… 47

　3.3　火灾及其分类………………………………………… 50

　3.4　建筑火灾传播的机理及途径………………………… 51

　3.5　建筑消防的基本原理………………………………… 56

　3.6　建筑平面布置………………………………………… 59

　3.7　建筑防火防烟分区与分隔…………………………… 64

4　**建筑消防设施和建筑设备防火** ……………………… 79

　4.1　建筑消防设施………………………………………… 79

4.2 建筑设备防火 ………………………………………………… 82
4.3 消防用电及负荷等级 ………………………………………… 92

5 建筑消火栓给水系统 …………………………………………… 94
5.1 建筑消火栓给水系统基本组成 ……………………………… 94
5.2 建筑室外消火栓给水系统 ………………………………… 102
5.3 建筑室内消火栓给水系统 ………………………………… 105
5.4 建筑室内消火栓给水系统水力计算 ……………………… 113
5.5 建筑室内消火栓系统的消防流量确定及其计算方法 …… 118

6 自动喷水灭火系统 ……………………………………………… 125
6.1 自动喷水灭火系统的类型 ………………………………… 125
6.2 自动喷水灭火系统的喷头及控制配件 …………………… 132
6.3 自动喷水灭火系统设计主要参数 ………………………… 146
6.4 自动喷水灭火系统喷头及管网布置 ……………………… 153
6.5 自动喷水灭火系统的水力计算方法推导和举例 ………… 154

7 火灾自动报警系统 ……………………………………………… 164
7.1 火灾自动报警系统分类及适用范围 ……………………… 164
7.2 火灾探测报警系统 ………………………………………… 167
7.3 消防联动控制系统 ………………………………………… 173

参考文献 ………………………………………………………… 176

1 燃 烧 科 学

燃烧科学是一门涉及化学动力学、化学热力学、传热学和传质学等多学科的应用科学,是研究消防科学的专业基础学科。

1.1 燃 烧 机 理

1.1.1 燃烧的本质

1. 燃烧的内涵

所谓燃烧,是指可燃物与氧化剂作用发生的放热反应,通常伴有火焰、发光和(或)发烟现象。燃烧过程中,燃烧区的温度较高,使其中白炽的固体粒子和某些不稳定(或受激发)的中间物质分子内电子发生能级跃迁,从而发出各种波长的光;发光的气相燃烧区就是火焰,它是燃烧过程中最明显的标志。由于燃烧不完全等原因,会使产物中混有一些小颗粒,这样就形成了烟。

1)燃烧反应

燃烧是一种化学反应,物质在燃烧前后,本质发生了变化,生成了与原来完全不同的物质。

$$2H_2 + O_2 \xrightarrow{\text{燃烧}} 2H_2O$$

$$C + O_2 \xrightarrow{\text{燃烧}} CO_2$$

燃烧不仅在氧存在时发生,在其他氧化剂中也能发生,甚全燃烧得更加激烈。例如,氢气能在氯气中燃烧。

$$H_2 + Cl_2 \xrightarrow{\text{燃烧}} 2HCl$$

2)燃烧反应的特点

(1)通过化学反应生成了与原来完全不同的新物质

物质在燃烧前后性质发生了根本变化,生成了与原来完全不同的新物质。如木材燃烧后生成木炭、灰烬以及 CO_2 和 H_2O(水蒸气)。但并不是所有的化学反应都是燃烧,比如生石灰遇水:

$$CaO + H_2O \xrightarrow{\hspace{1cm}} Ca(OH)_2 + Q$$

可见,生石灰遇水是化学反应并发热,这种热可以成为一种着火源,但它本身不是燃烧。

(2)放热

凡是燃烧反应都有热量生成。这是因为燃烧反应都是氧化还原反应,氧化还原反应在进行时总是有旧键的断裂和新键的生成。断键时要吸收能量,成键时又放出能量。在燃烧反应中,断键时吸收的能量要比成键时放出的能量少,所以燃烧反应都是放热反应。但是并不是所有的放热反应都是燃烧。如在日常生活中,电炉、电灯既可发光又可放热,但断电之后,电阻丝仍然是电阻丝,它们都没有发生化学变化。

(3)发光和(或)发烟

大部分燃烧现象都伴有光和烟的现象,但也有少数燃烧只发烟而无光产生。燃烧发光的主要原因是由于燃烧时火焰中有白炽的炭粒等固体粒子和某些不稳定(或受激发)的中间物质的生成所致。

2. 燃烧的分类

按照不同的分类标准,燃烧具有如下类型:

1)按引燃方式的不同分为点燃和自燃两种。

(1)点燃

指通过外部的激发能源引起的燃烧。也就是火源接近可燃物质,局部开始燃烧,然后开始传播的燃烧现象。物质由外界引燃源的作用而引发燃烧的最低温度称为引燃温度。点燃按引燃方式的不同又可分为局部引燃和整体引燃两种。

(2)自燃

指在没有外部着火源作用的条件下,物质靠本身的一系列物理、化学变化而发生的自动燃烧现象。其特点是物质本身内部的变化提供能量。物质发生自燃的最低温度称为自燃点,单位为℃。

2)按燃烧时可燃物所呈现的状态分为气相燃烧和固相燃烧两种。

(1)气相燃烧

指燃烧时可燃物和氧化剂均为气相的燃烧。气相燃烧是一种常见的燃烧形式。如汽油、酒精、丙烷、石蜡等的燃烧都属于气相燃烧。实质上,凡是有火焰的燃烧均为气相燃烧。

(2)固相燃烧

指燃烧进行时可燃物为固相的燃烧。固相燃烧又称表面燃烧。如木炭、镁条、焦炭的燃烧就属于此类。只有固体可燃物才能发生此类燃烧,对在燃烧时分解、熔化、蒸发的固体,都不属于固相燃烧,仍为气相燃烧。

3)按燃烧现象的不同分为着火、阴燃、闪燃、爆炸四种。

（1）着火

亦称起火,简称火,指以释放热量并伴有烟或火焰或两者兼有为特征的燃烧现象。这种燃烧的特点是:一般可燃物燃烧需要着火源引燃;再就是可燃物一经点燃,在外界因素不影响的情况下,可持续燃烧下去,直至将可燃物烧完为止。任何可燃物的燃烧都需要一个最低的温度,这个温度称之为引燃温度。可燃物不同,引燃温度也不同。

（2）阴燃

指物质无可见光的缓慢燃烧,通常产生烟和温度升高的迹象。阴燃是可燃固体由于供氧不足而形成的一种缓慢的氧化反应,其特点是有烟而无火焰。

（3）闪燃

指可燃液体表面蒸发的可燃蒸气遇火源产生的一闪即灭的燃烧现象。闪燃是液体燃烧特有的一种燃烧现象,但是少数可燃固体在燃烧时也有这种现象。

（4）爆炸

指由于物质发生急剧氧化或分解反应,产生温度、压力增加或两者同时增加的现象。爆炸按其燃烧速度传播的快慢分为爆燃和爆轰两种。燃烧以亚音速传播的爆炸为爆燃;燃烧以冲击波为特征,以超音速传播的爆炸为爆轰。

3. 燃烧与氧化

燃烧反应是一种剧烈的氧化还原反应。氧化还原反应是指有电子得失或共用电子对偏移的反应。在反应中,失去电子的物质被氧化,成为还原剂,得到电子的物质被还原,成为氧化剂。

（1）氢气在氧气中燃烧

$$2H_2^0 + O_2^0 \xrightarrow{\text{燃烧}} 2H_2^{+1}O^{-2}$$

（2）碳在空气中燃烧

$$C^0 + O_2^0 \xrightarrow{\text{燃烧}} C^{+4}O_2^{-2}$$

燃烧是可燃物质与氧化剂进行反应的结果,但由于氧化反应的速度不同,或成为剧烈的氧化还原反应,或成为一般的氧化还原反应。剧烈氧化的结果,放热、发光,成为燃烧;而一般氧化反应速度慢,虽然也放出热量,但能随时散发掉,反应达不到剧烈的程度,因而没有火焰、发光和(或)发烟的现象,则不是燃烧。所以氧化反应和燃烧反应的关系为种属关系。即凡是燃烧反应肯定是氧化还原反应,而氧化还原反应不一定都是燃烧,燃烧反应只是氧化反应中特别剧烈的反应。

4. 链锁反应理论

链锁反应理论认为燃烧是一种自由基的链锁反应,是目前被广泛承认并且较为成熟的一种解释气相燃烧机理的燃烧理论。

链锁反应又叫链式反应,它是由一个单独分子自由基的变化而引起一连串分子变化的化学反应。自由基是化合物或单质分子在外界的影响下分裂而成的含有不成对价电子的原子或原子团,是一种高度活泼的化学基团,一旦生成即诱发其他分子迅速地一个接一个自动分解,生成大量新的自由基,从而形成了更快、更大的蔓延、扩张、循环传递的链锁反应过程,直到不再产生新的自由基为止。但是如果在燃烧过程中介入抑制剂抑制自由基的产生,链锁反应就会中断,燃烧也就会停止。

1)链锁反应一般有三个阶段。

(1)链引发

此阶段产生自由基,使链式反应开始。链引发的方法有光照、加入引发剂、热离解、引燃能等。链引发是一个比较困难的过程,因为断裂分子中的键需要一定的能量。这个能量实际上就是引燃源点燃物质的能量。

(2)链传递

自由基与参与反应的分子相作用,生成新的自由基。新的自由基又与分子反应,一个传一个不断地进行下去。链传递阶段是链式反应的主体。

(3)链终止

自由基如果与器壁碰撞形成稳定分子,或两个自由基与第三个惰性分子相撞后失去能量而成为稳定分子,则链锁反应终止。

2)链锁反应还按链传递的特点不同,分为单链反应和支链反应两种。

(1)单链反应

指在链传递过程中每消耗一个自由基的同时又生成一个新的自由基的反应。这种反应一旦引发,就会无休止地迅速传递下去,直至链终止。如氢气和氯气反应。

$$Cl_2 \xrightarrow{\text{光照}} 2Cl \cdot \qquad \text{链引发}$$

$$\left. \begin{array}{l} Cl \cdot + H_2 \longrightarrow HCl + H \cdot \\ H \cdot + Cl_2 \longrightarrow HCl + Cl \cdot \end{array} \right\} \quad \text{链传递}$$

$$2Cl \cdot \longrightarrow Cl_2 \qquad \text{链终止}$$

(2)支链反应

指在链传递过程中,每消耗一个自由基的同时,再生成两个或更多自由基的反应。支链反应的速度是极快的,可以导致爆燃。支链反应是由前苏联学者在1927年发现的,并已进行了大量的研究工作。H_2 与 O_2 的反应被认为是典型的支链反应,反应过程中的基本反应方程式如下:

$$\left. \begin{array}{l} H_2 + M \longrightarrow 2H \cdot + M \\ M + H_2 + O_2 \longrightarrow 2OH \cdot + M \end{array} \right\} \quad \text{链引发}$$

$$\left.\begin{array}{l} OH\cdot + H_2 \longrightarrow H_2O + H\cdot \\ H\cdot + O_2 \longrightarrow OH\cdot + \cdot O\cdot \\ \cdot O\cdot + H_2 \longrightarrow OH\cdot + H\cdot \end{array}\right\} \text{链传递}$$

$$\left.\begin{array}{l} H\cdot + 器壁 \longrightarrow \dfrac{1}{2}2H_2 \\ H\cdot + O_2 + M \longrightarrow HO_2\cdot + M \end{array}\right\} \text{链终止}$$

综上所述,可燃物质的多数燃烧反应不是直接进行的,而是经过一系列复杂的中间阶段,不是氧化整个分子,而是氧化链锁反应中的自由基,通过自由基的链锁反应,把燃烧的氧化还原反应展开。从链锁反应的三个阶段看,其特点是:链引发要依靠外界提供能量;链传递可以在瞬间自动地、连续不断地进行;链终止则只要销毁一个自由基,就等于剪断了一个链,就可以终止链的传递。

(3)由此可以在消防工作中得到如下启示:

①引燃源可以提供和引发产生自由基,所以,控制和消除引燃源是防火工作的重点。人们可以采取相应措施避免可燃物与引燃源的接触,防止引发自由基的形成。

②当燃烧已发生时,立即采取措施破坏继续提供能量和链传递的条件,中断链的传递。

③不断探索和改革工艺设备,增加自由基与容器壁碰撞的概率,使自由基失去能量;不断研究阻燃技术和新型灭火剂,使其能有效抑制自由基的产生,并使已产生的自由基结合成稳定分子而消失,迫使链终止,使燃烧迅速熄灭。

1.1.2 燃烧的要素和条件

燃烧是一种很普遍的自然现象,必须在具备了一定的要素和条件下才能发生。

1. 燃烧的要素

燃烧的要素是指制约燃烧发生和发展变化的内部因素。由燃烧的本质可知,制约燃烧发生和发展变化的内部因素有可燃物和氧化剂。

1)可燃物

指在标准状态下的空气中能够燃烧的物质。广义地讲,凡是能燃烧的物质都是可燃物。但是有些物质在通常情况下不燃烧,而在一定的条件下才能够燃烧。

可燃物大部分为有机物,少部分为无机物。有机物大部分都含有 C、H、O 等元素,有的还含有少量的 S、P、N 等。可燃物在燃烧反应中都是还原剂,是不可缺少的一个重要要素,是燃烧得以发生的内因,没有可燃物,燃烧也无从谈起。

2)氧化剂

指处于高氧化态,具有强氧化性,与可燃物质相结合能够导致燃烧的物质。它是燃烧得以发生的必需的要素,否则燃烧便不能发生。燃烧要素中的氧化剂过去人们一直称为助燃物。助燃物应当是指帮助和支持燃烧的物质,但是助燃物在燃烧中并没有起帮助和支持燃烧的作用,它是参与到燃烧中的一种处于高氧化态、具有强氧化性的物质。

2. 燃烧的条件

燃烧的条件是指制约燃烧发生和发展变化的外部因素,通过燃烧机理的分析,能使要素发生燃烧的条件有以下两个:

1)可燃物与氧化剂作用并达到一定的数量比例,且未受抑制。对于有焰燃烧,燃烧的自由基还必须未受化学抑制,使链式反应能够进行,燃烧才能得以持续下去。

2)足够能量和温度的引燃源与之作用。不管何种形式的热能都必须达到一定的强度才能引起可燃物燃烧,否则燃烧便不会发生。能够引起可燃物燃烧的热能源称为引燃源。引燃源根据其能量来源不同,可分为如下几种类型:

(1)明火焰

最常见而且是比较强的着火源,它可以点燃任何可燃物质。火焰的温度根据不同物质约在 700~2 000 ℃。

(2)炽热体

指受高温作用,由于蓄热而具有较高温度的物体(如炽热的铁块,烧红了的金属设备等)。

(3)火星

在铁与铁、铁与石、石与石的强力摩擦、撞击时产生的,是机械能转为热能的一种现象。这种火星的温度根据光测高温计测量,约有 1 200 ℃,可引燃可燃气体或液体蒸气与空气的混合物,也能引燃某些固体物质。

(4)电火花

指两电极间放电时产生的火花、两电极间被击穿或者切断高压接点时产生的白炽电弧,以及静电放电火花和雷击、放电等。这些电火花都能引起可燃性气体、液体蒸气和易燃固体物质着火。由于电气设备的广泛使用,这种火源引起的火灾所占的比例越来越大。

(5)化学反应热和生物热

指由于化学变化或生物作用产生的热能。这种热能如不及时散发掉,就会引起着火甚至爆炸。

(6)光辐射

指太阳光、凸玻璃聚光热等。这种热能只要具有足够的温度,就能点燃可燃物质。

1.2　燃烧方式与特点

可燃物质受热后,因其聚集状态的不同,而发生不同的变化。绝大多数可燃物质的燃烧都是在蒸气或气体的状态下进行的,并出现火焰。而有的物质则不能成为气态,其燃烧发生在固相中,如焦炭燃烧时,呈灼热状态,而不呈现火焰。可燃物质的性质、状态不同,其燃烧的特点也不相同。

1.2.1　气体燃烧的特点

可燃气体的燃烧不需像固体、液体那样需经熔化、蒸发过程,所需热量仅用于氧化或分解,或将气体加热到燃点,因此容易燃烧且燃烧速度快。根据燃烧前可燃气体与氧混合状况不同,其燃烧方式分为扩散燃烧和预混燃烧。

1. 扩散燃烧

即可燃性气体和蒸气分子与气体氧化剂互相扩散,边混合边燃烧。在扩散燃烧中,化学反应速度要比气体混合扩散速度快得多。整个燃烧速度的快慢由物理混合速度决定。气体(蒸气)扩散多少,就烧掉多少。

扩散燃烧的特点为:燃烧比较稳定,扩散火焰不运动,可燃气体与氧化剂气体的混合在可燃气体喷口进行。对稳定的扩散燃烧,只要控制得好,就不至于造成火灾,一旦发生火灾也较易扑救。

2. 预混燃烧

又称动力燃烧或爆炸式燃烧。它是指可燃气体、蒸气或粉尘预先同空气(或氧)混合,遇火源产生带有冲击力的燃烧。预混燃烧一般发生在封闭体系中或在混合气体向周围扩散的速度远小于燃烧速度的敞开体系中,燃烧放热造成产物体积迅速膨胀,压力升高,压强可达 709.1~810.4 kPa。通常的爆炸反应即属此种。

预混燃烧的特点为:燃烧反应快,温度高,火焰传播速度快,反应混合气体不扩散,在可燃混气中引入一火源即产生一个火焰中心,成为热量与化学活性粒子集中源。

1.2.2　液体燃烧的特点

易燃、可燃液体在燃烧过程中,并不是液体本身在燃烧,而是液体受热时蒸发出来的液体蒸气被分解、氧化达到燃点而燃烧,即蒸发燃烧。因此,液体能否发生燃烧、燃烧速率高低,与液体的蒸气压、闪点、沸点和蒸发速率等性质密切相关。

常见的可燃液体中,液态烃类燃烧时,通常具有橘色火焰并散发浓密的黑色烟云。醇类燃烧时,通常具有透明的蓝色火焰,几乎不产生烟雾。某些醚类燃烧时,液体表面伴有明显的沸腾状,这类物质的火灾较难扑灭。在含有水分、黏度较大的重质石油产品,如原油、重油、沥青油等发生燃烧时,有可能产生沸溢现象和喷溅现象。

1. 沸溢

燃烧过程中,沸程较宽的重质油品产生热波,在热波向液体深层运动时,由于温度远高于水的沸点,因而热波会使油品中的乳化水汽化,大量的蒸气就要穿过油层向液面上浮,在向上移动过程中形成油包气的气泡,即油的一部分形成了含有大量蒸气气泡的泡沫。这样,必然使液体体积膨胀,向外溢出,同时部分未形成泡沫的油品也被下面的蒸气膨胀力抛出罐外,使液面猛烈沸腾起来,就像"跑锅"一样,这种现象叫沸溢。

从沸溢过程说明,沸溢形成必须具备三个条件:
①原油具有形成热波的特性,即沸程宽,比重相差较大;
②原油中含有乳化水,水遇热波变成蒸气;
③原油黏度较大,使水蒸气不容易从下向上穿过油层。

2. 喷溅

在重质油品燃烧进行过程中,随着热波温度的逐渐升高,热波向下传播的距离也加大,当热波达到水垫时,水垫的水大量蒸发,蒸气体积迅速膨胀,以至把水垫上面的液体层抛向空中,向罐外喷射,这种现象叫喷溅。

一般情况下,发生沸溢要比发生喷溅的时间早的多。发生沸溢的时间与原油的种类、水分含量有关。根据实验,含有1%水分的石油,经45~60 min燃烧就会发生沸溢。喷溅发生的时间与油层厚度、热波移动速度以及油的燃烧线速度有关。

1.2.3 固体燃烧的特点

固体可燃物由于其分子结构的复杂性、物理性质的不同,其燃烧方式也不相同。主要有下列四种。

1. 蒸发燃烧

可熔化的可燃性固体受热升华或熔化后蒸发,产生可燃气体进而发生的有焰燃烧,称为蒸发燃烧。发生蒸发燃烧的固体,在燃烧前受热只发生相变,而成分不发生变化。一旦火焰稳定下来,火焰传热给蒸发表面,促使固体不断蒸发或升华燃烧,直至燃尽为止。分子晶体、挥发性金属晶体和有些低熔点的无定形固体的燃烧,如石蜡、松香、硫、钾、磷、沥青和热塑性高分子材料等燃烧,均为蒸发燃烧。燃烧过程总保持边熔化、边蒸发、边燃烧形式,固体有蒸发面的部分都会有火焰出现,燃烧速度较快。钾、钠、镁等之所以称为挥发金属,因其燃烧属蒸发式燃烧,而生成白色浓烟是挥发金属蒸发式燃烧的特征。

2. 分解燃烧

分子结构复杂的固体可燃物,在受热后分解出其组成成分及与加热温度相应的热分解产物,这些分解产物再氧化燃烧,称为分解燃烧。如木材、纸张、棉、麻、毛、丝以及合成高分子的热固性塑料、合成橡胶等燃烧。

煤、木材、纸张、棉花、农副产品等成分复杂的固体有机物,受热不发生整体相变,而是分解释放出可燃气体,燃烧产生明亮的火焰,火焰的热量又促使固体未燃部分的分解和均相燃烧。当固体完全分解且析出可燃气体全部烧尽后,留下的碳质固体残渣才开始无火焰的表面燃烧。塑料、橡胶、化纤等高聚物,是由许多重复的较小结构单位(链节)所组成的大分子。绝大多数高分子材料都是易燃的,而且大部分发生分解式燃烧,燃烧放出的热量很大。一般说来,高聚物的燃烧过程包括受热软化熔融、解聚分解、氧化燃烧。分解产物随分解时的温度、氧浓度及高聚物本身的组成和结构不同而异。所有高聚物在分解过程中都会产生可燃气体,分解产生的较大分子会随燃烧温度的提高进一步蒸发热解或不完全燃烧。高聚物在火灾的高温下边熔化、边分解、边呈有焰均相燃烧,燃着的熔滴可把火焰从一个区域扩展到另一个区域,从而促使火灾蔓延发展。

3. 表面燃烧

可燃物受热不发生热分解和相变,可燃物质在被加热的表面上吸附氧,从表面开始呈余烬的燃烧状态叫表面燃烧(也叫无火焰的非均相燃烧)。

这类燃烧的典型例子,如焦炭、木炭和不挥发金属等的燃烧。表面燃烧速度取决于氧气扩散到固体表面的速度,并受表面上化学反应速度的影响。焦炭、木炭为多孔性结构的简单固体,即使在高温下也不会熔融、升华或分解产生可燃气体。氧扩散到固体物质的表面,被高温表面吸附,发生气固非均相燃烧,反应的产物从固体表面解吸扩散,带着热量离开固体表面。整个燃烧过程中固体表面呈高温炽热发光而无火焰,燃烧速度小于蒸发速度。

铝、铁等不挥发金属的燃烧也为表面燃烧。不挥发金属的氧化物熔点低于该金属的沸点。燃烧的高温尚未达到金属沸点且无大量高热金属蒸气产生时,其表面的氧化物层已熔化退去,使金属直接与氧气接触,发生无火焰的表面燃烧。由于金属氧化物的熔化消耗了一部分热量,减缓了金属被氧化,致使燃烧速度不快,固体表面呈炽热发光。这类金属在粉末状、气溶胶状、刨花状时,燃烧进行得很激烈,且无烟生成。

4. 阴燃

阴燃是指物质无可见光的缓慢燃烧,通常产生烟和温度升高的迹象。这种燃烧看不见火苗,可持续数天甚至数十天,不易发现。

1)容易发生阴燃的状况

一些固体可燃物在空气不流通、加热温度较低或湿度较大的条件下发生干馏分解,产生的挥发成分未能发生有焰燃烧;固体材料受热分解,必须能产生刚性结构多孔性炭化材料。常见易发生阴燃物质,如成捆堆放的棉、麻、纸张及大量堆放的煤、杂草、湿木材、布匹等。

2)阴燃和有焰分解燃烧的相互转化

在缺氧或湿度较大条件下发生火灾,由于燃烧消耗氧气及水蒸气的蒸发耗能,使燃烧体系氧气浓度和温度均降低,燃烧速度减慢,固体分解出的气体量减少,火焰逐渐熄灭,由有焰燃烧转为阴燃。如果通风条件改变,当持续的阴燃完全穿透固体材料时,由于对流的加强,会使空气流入量相对增大,供氧量增加,或可燃物中水分蒸发到一定程度,也可能由阴燃转变为有火焰的分解燃烧甚至爆燃。火场上的复燃现象和由于固体阴燃引起的火灾等,都是阴燃在一定条件下转化为有焰分解燃烧的例子。

固体的上述四种燃烧形式中,蒸发燃烧和分解燃烧都是有火焰的均相燃烧,只是可燃气体的来源不同。蒸发燃烧的可燃气体是相变产物,分解燃烧的可燃气体来自固体的热分解。固体的表面燃烧和阴燃,都是发生在固体表面与空气的界面上,呈无火焰的非均相燃烧。阴燃和表面燃烧的区别,就在于表面燃烧的过程中固体不发生分解。

1.3 燃 烧 产 物

1.3.1 燃烧产物的概念及典型

1. 燃烧产物的概念

燃烧产物是指由燃烧或热解作用而产生的全部物质。也就是说可燃物燃烧时,生成的气体、固体和蒸气等物质均为燃烧产物。有完全燃烧产物和不完全燃烧产物之分。完全燃烧产物是指可燃物中的 C 被氧化生成的 CO_2(气)、H 被氧化生成的 H_2O(液)、S 被氧化生成的 SO_2(气)等;而 CO、NH_3、醇类、醛类、醚类等是不完全燃烧产物。燃烧产物的数量、组成等随物质的化学组成及温度、空气的供给情况等的变化而不同。

如果在燃烧过程中生成的产物不能再燃烧了,那么这种燃烧叫做完全燃烧,其产物称为完全燃烧产物。如燃烧产生的 CO_2、SO_2、H_2O、P_2O_5 等都为完全燃烧产物。完全燃烧产物在燃烧区中具有冲淡氧含量、抑制燃烧的作用。如果在燃烧过程中生成的产物还能继续燃烧,那么这种燃烧叫做不完全燃烧,其产物为不完全燃烧产物。例如碳在空气不足的条件下燃烧时生成的产物是还可以燃烧的一氧化碳,那么这种燃烧就是一种不完全燃烧,其产物一氧化碳就是不完全燃烧产物。不完全燃烧是由于温度太低或空气不足造成的。

燃烧产物中的烟主要是燃烧或热解作用所产生的悬浮于大气中能被人们看到的

直径一般在 0.01~10 pm 之间的极小的炭黑粒子,大直径的粒子容易由烟中落下来称为烟尘或炭黑。炭黑粒子的形成过程比较复杂。例如碳氢可燃物在燃烧过程中,会因受热裂解产生一系列中间产物,中间产物还会进一步裂解成更小的碎片,这些小碎片会发生脱氢、聚合、环化等反应,最后形成石墨化炭黑粒子,构成了烟。

大部分可燃物属于有机化合物,它们主要由碳、氢、氧、氮、硫、磷等元素组成,燃烧生成的气体一般有一氧化碳、氰化氢、二氧化碳、丙烯醛、氯化氢、二氧化硫等。

2. 几类典型物质的燃烧产物

1)二氧化碳(CO_2)

二氧化碳为完全燃烧产物,是一种无色不燃的气体,溶于水,有弱酸味,相对密度1.52,有窒息性,在空气中其含量对人体的影响见表 1.1。

表 1.1　二氧化碳的含量对人体的影响

CO_2 的含量(%)	对人体的影响
0.55	6 h 内不会有任何症状
1~2	引起不快感
3	呼吸中枢受到刺激,呼吸增加,脉搏、血压升高
4	有头痛、眼花、耳鸣、心跳等症状
5	喘不过气来,在 30 min 内引起中毒
6	呼吸急促,感到困难
7~10	数分钟内会失去知觉,以致死亡

二氧化碳在消防安全上常用作灭火剂。由于钾、钠、钙、镁等金属物质能够在二氧化碳中燃烧。所以,不能用二氧化碳扑救金属物质的火灾。

2)一氧化碳(CO)

一氧化碳为不完全燃烧产物。是一种无色、无味、有强烈毒性的可燃气体,难溶于水,相对密度为 0.97。

在火场烟雾弥漫的房间中,一氧化碳含量比较高时,对房间中人员的身体会有严重影响,必须注意防止一氧化碳中毒和一氧化碳与空气形成爆炸性混合物。火场上一氧化碳含量可参考表 1.2 中的数值。

表 1.2　火场上一氧化碳的含量

火灾地点	CO 的含量(%)	燃烧物质	CO 的含量(%)
地下室	0.04~0.65	赛璐珞	38.4
闷顶内	0.01~0.1	火药	2.47~15.0
楼层内	0.01~0.4	爆炸物质	5~70.0
浓烟	0.02~0.1		

一氧化碳的毒性较大,它能从血液的氧血红素里取代氧而与血红素结合形成一氧化碳血红素,从而使人感到严重缺氧。一氧化碳对人体的影响见表1.3。

表1.3 一氧化碳对人体的影响

CO 的含量(%)	对人体的影响	CO 的含量(%)	对人体的影响
0.01	几小时之内没感觉	0.5	经过 2~3 min 有死亡危险
0.05	1 h 内影响不大	1.0	吸气数次失去知觉,2~3 min 死亡
0.1	1 h 头疼、作呕、不舒服		

3)二氧化硫(SO_2)

二氧化硫是可燃物硫燃烧后生成的产物。它是一种无色、有刺激臭味的气体。硫燃烧时的特殊气味就是二氧化硫的气味。二氧化硫比空气重2.26倍,易溶于水,在20 ℃时1体积的水能溶解约40体积的二氧化硫。二氧化硫有毒,是大气污染中危害较大的一种气体,它严重伤害植物,刺激人的呼吸道,腐蚀金属等,表1.4是大气中二氧化硫含量对人体的影响。

表1.4 二氧化硫对人体的影响

SO_2 的含量(%)	SO_2 的含量(mg/L)	对人体的影响
0.000 5	0.014 6	长时间作用无危险
0.001~0.002	0.029~0.058	气管感到刺激,咳嗽
0.005~0.01	0.146~0.293	1 h 内无直接的危险
0.05	1.46	短时间内有生命危险

4)氮的氧化物

燃烧产物中氮的氧化物主要是一氧化氮(NO)和二氧化氮(NO_2)。硝酸和硝酸盐分解,含硝酸盐及亚硝酸盐炸药的爆炸过程,硝酸纤维素及其他含氮有机化合物在燃烧时都会产生 NO 或 NO_2。NO 为无色气体,NO_2 为棕红色气体。都具有一种难闻的气味,而且有毒。它们对人体的影响见表1.5。

表1.5 氮的氧化物对人体的影响

氮氧化物含量(%)	氮氧化物含量(mg/L)	对人体的影响
0.004	0.19	长时间作用无明显反应
0.006	0.29	短时间内气管即感到刺激
0.01	0.48	短时间内刺激气管、咳嗽,继续作用对生命有危险
0.025	1.2	短时间内可迅速致死

1.3.2 燃烧产物的危害性

燃烧最直接的产物是烟气。一般火灾总是伴随着浓烟滚滚,火光闪闪,产生着大量对人体有毒、有害的烟气。据资料统计,在火灾造成的人员伤亡中,被烟雾熏死的所占比例很大,一般是被火烧死者的4~5倍,着火层以上死的人,绝大多数是被烟熏死的,可以说火灾时对人的最大威胁是烟。

1. 致灾危险性

灼热的燃烧产物,由于对流和热辐射作用,可能引起其他可燃物质的燃烧,成为新的起火点,造成火势扩散蔓延。有些不完全燃烧产物还能与空气形成爆炸性混合物,遇火源发生爆炸,造成火势蔓延。

2. 减光性、刺激性、恐怖性

1)减光性

由于燃烧产物的烟气中,烟粒子对可见光是不透射的,故对可见光有遮蔽作用,使人眼的能见度下降。在火灾中,当烟气弥漫时,可见光会因受到烟粒子的遮蔽作用而大大减弱,尤其是在空气不足时,烟的浓度更大,能见度会降得更低。如果是楼房起火,走廊内大量的烟会使人们不易辨别火势的方向,不易寻找起火地点,看不见疏散方向,找不到楼梯和门,造成安全疏散的障碍,给扑救和疏散工作带来困难。

2)刺激性

烟气中有些气体对人的眼睛有极大的刺激性,使人的眼睛难以睁开,造成人们在疏散过程中行进速度大大降低。所以火灾烟气的减光性是毒害性的"帮凶",增大了中毒或烧死的可能性。

3)恐怖性

大量火场观察证明:在着火后大约15 min,烟的浓度最大。在这种情况下,人们的能见距离一般只有30 cm。此时,特别是发生轰燃时,火焰和烟气冲出门窗洞口,浓烟滚滚,烈焰熊熊,还会使人们产生恐怖感,常给疏散过程造成混乱局面,甚至使有的人失去活动能力,失去理智。因此火灾烟气的恐怖性也是不可忽视的。

3. 毒害性

燃烧产生大量的烟和气体,使空气中氧气含量急速降低,加上 CO、HCl、HCN 等有毒气体的作用,使在场人员有窒息和中毒的危险,神经系统因受到麻痹而出现无意识的失去理智的动作。另外,燃烧产物中的烟气,包括水蒸气,温度较高,载有大量的热,人在这种高温湿热环境中极易被烫伤。

2 灭火机理及技术

2.1 灭火基本原理

2.1.1 火灾的危险性

1. 物品的火灾危险性

1）影响物品灾危险性分类的因素

（1）物品本身的易燃性和氧化性

物品本身能否燃烧或燃烧的难易、氧化能力的强弱,是决定物品火灾危险性大小的最基本的条件。物品本身所具有的可燃性和氧化性是确定其火灾危险性类别的依据。

一般而言,物品越易燃烧或氧化性越强,其火灾危险性就越大。

例如:汽油比柴油易燃,它的火灾危险性就大。

衡量物品易燃危险性大小的方法和参数,与物品本身的状态有关。因为物品本身的状态不同,其燃烧难易程度的表现形式也不同,所以处于不同状态的物品会有不同的反映该物品火灾危险性大小的测定方法和参数。一般来讲,液体主要是用闪点的高低来衡量,气体、蒸气、粉尘等主要是用爆炸浓度极限来衡量,固体主要是用引燃温度或氧指数的大小来衡量。另外,最小引燃能量也是用来衡量物品火灾危险性大小的一个重要参数,如防爆电器的防爆等级都是依据物品引燃温度的高低和最小引燃能量的大小来确定的。

（2）易燃性和氧化性之外所兼有的毒害性、放射性、腐蚀性等危险性

在对物品进行火灾危险性分类时,除应考虑物品本身的火灾危险性外,还应充分考虑它所兼有的毒害性、腐蚀性和放射性等危险性。

例如:氯气的火灾危险性比氧气要大得多。

（3）盛装条件

物品的盛装条件也是制约其火灾危险性的一个重要因素。因为同一种物品在不同的状态,不同的温度、压力、浓度下其火灾危险性是不同的。

例如:氢气在高压气瓶中充装要比在气球中火灾危险性大。所以,物品的盛装条件不同,其火灾危险性也不同。

（4）物品包装的可燃程度及量

物品火灾危险性的大小不仅与物品本身的特性有关,而且还与其包装是否可燃

和可燃包装的量有关。如精密仪器、家用电器等,其本身并不都是可燃物,但其包装大多是可燃物,且有的还比较易燃,若一旦被火种引燃,不仅包装物会被烧毁,而且其内的仪器也会因包装物的燃烧而被火烧坏或报废。

(5)与灭火剂的抵触程度和遇水生热能力

一种物质,如果其一旦失火且与灭火剂有抵触,那么其火灾危险性要比不抵触的物品大。这是因为水是一种最常用、最普通的灭火剂,如果该物品着火后不能用水或含水的灭火剂扑救,那么就增加了扑救的难度,也就加大了火灾扩大和蔓延的危险,所以该类物品的火灾危险性就大。

另外,遇水生热不燃物品虽然本身不燃,但当遇水或受潮时能发生剧烈的化学反应,并释放出大量的热和(或)不燃气体,可使附近的可燃物着火。

2)物品火灾危险性的分类

物品的火灾危险性按物品本身的可燃性、氧化性和是否兼有毒害性、放射性、腐蚀性、忌水性等危险性的大小,在充分考虑其所处的盛装条件、包装的可燃程度和量的基础上按天干序数将物品分为甲、乙、丙、丁、戊五类。

(1)甲类

甲类物品火灾危险性的特征有以下六种情况:

①闪点<28 ℃的液体。如己烷、戊烷、石脑油、环戊烷、二硫化碳、苯、甲苯、甲醇、乙醇、乙醚、蚁酸甲酯、乙酸甲酯、硝酸乙酯、汽油、丙酮、丙烯、乙醛、60°以上的白酒等易燃液体均属此类。

②爆炸下限<10%的气体。如乙炔、氢气、甲烷、乙烯、丙烯、丁二烯、环氧乙烷、水煤气、硫化氢、氯乙烯、液化石油气等易燃气体均属此类。

③常温下能自行分解或在空气中氧化即能导致迅速自燃或爆炸的物质。如硝化棉、硝化纤维胶片、喷漆棉、火胶棉、赛璐珞棉、黄磷等易燃固体均属此类。

④常温下受到水或空气中水蒸气的作用能产生爆炸下限<10%的气体并引起着火或爆炸的物质。如钾、钠、锂、钙、锶等碱金属和碱土金属;氢化锂、四氢化锂铝、氢化钠等金属氢化物;电石、碳化铝等固体物质均属此类。

⑤遇酸、受热、撞击、摩擦以及遇有机物或硫磺等易燃的无机物,极易引起着火或爆炸的强氧化剂。如氯酸钾、氯酸钠、过氧化钾、过氧化钠、硝酸铵等强氧化剂均属此类。

⑥受撞击、摩擦或与氧化剂、有机物接触时能引起着火或爆炸的物质。如赤磷、五硫化磷、三硫化磷等易燃固体均属此类。

(2)乙类

乙类物品火灾危险性的特征有以下六种情况:

①闪点≥28 ℃至<60 ℃的液体。如煤油、松节油、丁烯醇、异戊醇、丁醚、乙酸丁

酯、硝酸戊酯、乙酰丙酮、环己胺、溶剂油、冰醋酸、樟脑油、蚁酸等易燃液体均属此类。

②爆炸下限≥10%的气体。如氨气、一氧化碳、发生炉煤气等易燃气体均属此类。

③不属于甲类的氧化剂。如硝酸铜、铬酸、亚硝酸钾、重铬酸钠、铬酸钾、硝酸、硝酸汞、硝酸钴、发烟硫酸、漂白粉等氧化剂均属此类。

④不属于甲类的化学易燃固体。如硫磺、镁粉、铝粉、赛璐珞板(片)、樟脑、萘、生松香、硝化纤维漆布、硝化纤维胶片等易燃固体均属此类。

⑤氧化性气体。如氧气、氯气、氟气、压缩空气、氧化亚氮气等氧化性气体均属此类。

⑥常温下与空气接触能缓慢氧化,积热不散能引起自燃的物品。如漆布、油布、油纸、油绸及其制品等自燃物品均属此类。

(3)丙类

丙类物品火灾危险性的特征具有以下两种情况:

①闪点≥60℃的液体。如动物油、植物油、沥青、蜡、润滑油、机油、重油、闪点≥60℃的柴油、糠醛,大于50°至小于60°的白酒等可燃性液体均属此类。

②普通的可燃固体。如化学、人造纤维及其织物,纸张、棉、毛、丝、麻及其织物,谷物、面粉、天然橡胶及其制品,竹、木、中药材及其制品,电视机、收录机、计算机及已录制的数据磁盘等电子产品,冷库中的鱼、肉等可燃性固体均属此类。

(4)丁类

丁类物品主要指的是难燃物品。难燃物品是指在空气中受到火烧或高温作用时,难起火、难微燃、难炭化,当火源移走后燃烧或微燃立即停止的物品。如自熄性塑料及其制品、酚醛泡沫塑料及其制品、水泥刨花板等均属此类。

(5)戊类

戊类物品是指不燃物品。不燃物品是指在空气中受到火烧或高温作用时,不起火、不微燃、不炭化的物品。如氮气、二氧化碳、氟利昂、氩气等惰性气体,水、钢材、铝材、玻璃及其制品,搪瓷制品、陶瓷制品、玻璃棉、石棉、陶瓷棉、硅酸铝纤维、矿棉、石膏及其无纸制品,水泥、石料、膨胀珍珠岩等均属此类。

说明:

①对难燃物品、不燃物品,如为可燃包装,且包装质量(重量)超过物品本身质量的1/4,那么其火灾危险性应为丙类。

②对遇水生热不燃物品按《建筑设计防火规范》应为戊类。

2. 生产工艺的火灾危险性

1)影响生产工艺火灾危险性分类的因素

生产工艺火灾危险性的大小,除了受物料本身的易燃性、氧化性及其所兼有的毒害性、放射性、腐蚀性等危险性的影响和物料与水等灭火剂的抵触程度的影响之外，还受以下因素的影响。

（1）生产工艺条件

生产工艺条件的影响因素主要包括压力、氧含量和所用的催化剂、容器设备及装置的导热性和几何尺寸等。如汽油在 0.1 MPa 下的自燃点为 480 ℃，而在 25 MPa 下的自燃点为 250 ℃。

同时，有的产品的生产工艺条件需要在接近原料爆炸浓度下限或在爆炸浓度范围之内生产，有的则需要在接近或高于物料自燃点或闪点的温度下生产，这样就更增加了物料本身的火灾危险性，故物料在这种工艺条件下的火灾危险性就大于本身的火灾危险性。所以，物料的易燃性、氧化性及生产工艺条件，是决定生产工艺火险类别的最重要的因素。

（2）生产场所可燃物料的存在量

常理可知，生产场所存在的可燃物料越多，那么，其火灾危险性就越大；反之，当现场可燃性物料的量越少，其火灾危险性也就越小，当少至气体全部放出或液体全部汽化也不能在整个厂房内达到爆炸极限范围，或可燃物全部燃烧也不能使建筑物起火造成灾害时，那么其火灾危险性就为零。如机械修理厂或修理车间，虽然经常要使用少量的汽油等易燃溶剂清洗零件，但不致因此而引起整个厂房的爆炸。所以，其火灾危险性就比大量使用汽油等甲类溶剂的场所小。

（3）物料所处的状态

在通常条件下，生产中的原料、成品并不是都十分危险，但在生产中的条件和状态改变了，就有可能变成十分危险的生产。如可燃的纤维、粉尘在静置时并不危险，但若粉尘是悬浮在空气中，生产时与空气形成了爆炸性混合物，遇火源便会着火或爆炸。其原因就是由于这些细小的纤维、粉尘表面吸附包围了大量的氧气，当遇激发能源时，便会发生爆燃。另外，有些金属如铝、锌、镁等，在块状时并不易燃，但在粉尘状态时则能爆炸起火，如某厂磨光车间因通风吸尘设备的风机制造不良，叶轮不平衡，使叶轮上的螺母与进风管摩擦发生火花，引燃吸尘管道内的铝粉发生了猛烈爆炸，炸坏了车间及邻近的厂房，并造成了人员伤亡。

可燃液体的雾滴也是不可忽视的。

2）生产工艺火灾危险性的分类方法

按照生产过程火灾危险性的大小，将生产工艺按天干顺序分为：甲、乙、丙、丁、戊五个火灾危险性类别。

（1）甲类

甲类生产的火险特征是指使用或产生下列物质的生产：

①使用或产生闪点<28 ℃液体的生产。如闪点<28 ℃的油晶和有机溶剂的提

炼、回收或洗涤工段及其泵房,橡胶制品的涂胶和胶浆部位,二硫化碳的粗馏、精馏工段及其应用部位,青霉素提炼部位,原料药厂非那西丁车间的烃化、回收及电感精馏部位,皂素车间的抽提、结晶及过滤部位,冰片精制部位,农药厂乐果厂房,敌敌畏的合成厂房,磺化洗糖精厂房,氯乙醇厂房,环氧乙烷、环氧丙烷工段,苯酚厂房的磺化、蒸馏部位,焦化厂吡啶工段,胶片厂片基厂房,汽油加铅室,甲醇、乙醇、丙酮、丁酮、异丙醇、乙酸乙酯、苯等的合成或精制厂房,集成电路工厂的化学清洗间(使用闪点<28 ℃ 的液体),植物油加工厂的浸出厂房等。

②使用或产生爆炸下限<10%的气体的生产。如乙炔站,氢气站,石油气体分馏(或分离)厂房,氯乙烯厂房,乙烯聚合厂房,天然气、石油伴生气、矿井气、水煤气或焦炉煤气的净化(如脱硫)厂房,压缩机室及鼓风机室,液化石油气灌瓶间,丁二烯及其聚合厂房,乙酸乙烯厂房,电解水或电解食盐水厂房,环乙酮厂房,乙基苯和苯乙烯厂房,化肥厂的氢氮气压缩厂房,半导体材料厂使用氢气的拉晶间,硅烷热分解室等。

③使用或产生常温下能自行分解或在空气中氧化即能导致迅速自燃或爆炸物质的生产。如硝化棉厂房及其应用部位,赛璐珞厂房,黄磷制备厂房及其应用部位,三乙基铝厂房,染化厂某些能自行分解的重氮化合物生产厂房,甲胺厂房,丙烯腈厂房等。

④使用或产生常温下受到水或空气中水蒸气的作用,能产生可燃气体并引起着火或爆炸物质的生产。如金属钠、钾的加工厂房及其应用部位,聚乙烯厂房的一氯二乙基铝部位,三氯化磷厂房,多晶硅车间的三氯氢硅部位,五氯化磷厂房等。

⑤使用或产生遇酸、受热、撞击、摩擦、催化,以及遇有机物或硫磺等易燃的无机物,极易引起燃烧或爆炸的强氧化剂的生产。如氯酸钠、氯酸钾厂房及其应用部位,过氧化氢厂房,过氧化钠、过氧化钾厂房,次氯酸钙厂房等。

⑥使用或产生受撞击、摩擦或与氧化剂、有机物接触时能引起着火或爆炸物质的生产。如赤磷制备厂房及其应用部位,五硫化二磷厂房及其应用部位等。

⑦使用或产生在密闭设备内操作温度等于或超过物质本身自燃点的生产。如洗涤剂厂房的蜡裂解部位,冰醋酸裂解厂房等。

(2)乙类

乙类生产的火险特征是指使用或产生下列物质的生产:

①使用或产生闪点≥28 ℃ 至<60 ℃液体的生产。如闪点≥28 ℃ 至<60 ℃的油品和有机溶剂的提炼、回收、洗涤部位及其泵房,松节油或松香蒸馏厂房及其应用部位,醋酸酐精馏厂房,己内酰胺厂房,甲酚厂房,氯丙醇厂房,樟脑油提取部位,环氧氯丙烷厂房,松节油精制部位,煤油灌桶间等。

②使用或产生爆炸下限≥10%气体的生产。如一氧化碳压缩机室及其净化部位,发生炉煤气或鼓风炉煤气的净化部位,氨压缩机房等。

③使用或产生不属于甲类氧化剂的生产。如发烟硫酸或发烟硝酸浓缩部位,高锰酸钾厂房,重铬酸钠(红矾钠)厂房等。

④使用或产生不属于甲类化学易燃固体的生产。如樟脑或松香提炼厂房,硫磺回收厂房,焦化厂精苯厂房等。

⑤使用或产生氧化性气体的生产。如氧气站,空分厂房,液氯灌瓶间等。

⑥使用或产生能与空气形成爆炸性混合物的浮游状态的粉尘、纤维,闪点≥60 ℃液体雾滴的生产。如铝粉或镁粉厂房,金属制品抛光部位,煤粉厂房,面粉厂的研磨部位,活性炭制造及再生厂房,谷物筒仓工作塔,亚麻厂的除尘器和过滤器室等。

(3)丙类

丙类生产的火险特征是指使用或产生下列物质的生产:

①使用或产生闪点≥60 ℃液体的生产。如闪点≥60 ℃的油品和有机液体的提炼、回收工段及其抽送泵房,香料厂的松油醇、乙酸松油酯部位,苯甲醇厂房,苯乙酮厂房,焦化厂焦油厂房,甘油、桐油的制备厂房,油浸变压器室,机器油或变压器油灌桶间,柴油灌桶间,润滑油再生部位,配电室(每台装油量>60 kg 的设备),沥青加工厂房,植物油加工厂的精炼部位等。

②使用或产生可燃固体的生产。如煤、焦炭、油母岩的筛分、运转工段和栈桥或储仓,木工厂房,竹、藤加工厂房,橡胶制品的压延、成型和硫化厂房,针织品厂房,纺织、印染、化纤生产的干燥部位,服装加工厂房,棉花加工和打包厂房,造纸厂备料、干燥厂房,印染厂成品厂房,麻纺厂粗加工厂房,谷物加工厂房,卷烟厂的切丝、卷制、包装厂房,印刷厂的印刷厂房,毛涤厂选毛厂房,电视机、收音机装配厂房,显像管厂装配工段烧枪间,磁带装配厂房,集成电路工厂的氧化扩散间、光剂间,泡沫塑料厂的发泡、成型、印片、压花部位,饲料加工厂房等。

(4)丁类

丁类生产的火险特征是指具有下列情况的生产:

①对不燃物料进行加工,并在高热或熔化状态下经常产生强辐射热、火花或火焰的生产。如金属冶炼、锻造、铆焊、热轧、铸造、热处理厂房等。

②利用气体、液体、固体作为燃料,或将气体、液体燃烧作其他使用的各种生产。如锅炉房,玻璃原料熔化厂房,灯丝烧拉部位,保温瓶胆厂房,陶瓷制品的烘干、烧成厂房,蒸汽机车库,石灰焙烧厂房,电石炉部位,耐火材料烧成部位,转炉厂房,硫酸车间焙烧部位,电极煅烧工段,配电室(每台装油量≤60 kg 的设备)等。

③常温下使用或加工难燃物质的生产。如铝塑材料的加工厂房,酚醛泡沫塑料的加工厂房,印染厂的漂炼部位,化纤厂后加工润湿部位等。

(5)戊类

戊类生产的火险特征是指常温下使用或加工不燃物质的生产。如制砖车间,石棉加工车间,卷扬机室,水等不燃液体的泵房、阀门室及净化处理工段,金属(镁合金除外)冷加工车间,电动车库,钙、镁、磷肥车间(焙烧炉除外),造纸厂或化学纤维厂的浆粕蒸煮工段,仪表、器械或车辆装配车间,氟利昂厂房,水泥厂的转窑厂房,加气混凝土厂的材料准备、构件制作厂房等。

2.1.2 灭火的基本原理

灭火就是破坏燃烧条件使燃烧反应终止的过程。根据燃烧科学中燃烧所需要具备的基本条件,灭火的基本原理主要包括四个方面:冷却、窒息、隔离和化学抑制。

1. 冷却灭火

对一般可燃物来说,能够持续燃烧的条件之一就是它们在火焰或热的作用下达到了各自的着火温度。因此,对一般可燃物火灾,将可燃物冷却到其燃点或闪点以下,燃烧反应就会中止。水的灭火机理主要是冷却作用。

2. 窒息灭火

各种可燃物的燃烧都必须在其最低氧气浓度以上进行,否则燃烧不能持续进行。因此,通过降低燃烧物周围的氧气浓度可以起到灭火的作用。通常使用的二氧化碳、氮气、水蒸气等的灭火机理主要是窒息作用。

3. 隔离灭火

把可燃物与引火源或氧气隔离开来,燃烧反应就会自动中止。火灾中,关闭有关阀门,切断流向着火区的可燃气体和液体的通道;打开有关阀门,使已经发生燃烧的容器或受到火势威胁的容器中的液体可燃物通过管道导至安全区域,都是隔离灭火的措施。

4. 化学抑制灭火

使用灭火剂与链式反应的中间体自由基反应,从而使燃烧的链式反应中断使燃烧不能持续进行。常用的干粉灭火剂、卤代烷灭火剂的主要灭火机理就是化学抑制作用。

2.2 灭 火 剂

灭火剂是能够有效地破坏燃烧条件,中止燃烧的物质。其作用是在被喷射到燃烧物体表面或燃烧区域后,通过一系列的物理、化学作用使燃烧物冷却、燃烧物与空气隔绝、燃烧区内氧的浓度降低、燃烧的链锁反应中断,最终导致维持燃烧的条件遭到破坏,从而使燃烧反应中止。

1. 水灭火剂

1)水的性能

水是无色、无味、无臭的液体。有液态、气态和固态三种形态。水具有一定的导电性。所以,当用水扑救带电设备火灾时,尤其是扑救高压带电设备火灾时,可能会发生触电危险。这是因为带电设备通过消防水流、喷嘴和灭火操作,人与大地相连,形成一个通路,电流通过操作人员的身体而造成触电事故。触电危险的程度是由通过人体电流的大小决定的。

当水以分散的滴状或雾状形式喷向带电设备时,由于水滴之间被空气隔开,这就有效地切断了电流的回路。试验表明,当喷雾向距离喷嘴 5 m 处的 220 kV 带电体喷射时,泄漏电流仅 0.1 mA。操作人员没有任何感觉。可见,使用分散程度好的喷水枪可以使泄漏电流降低到保证操作者人身安全的程度。

2)水的灭火作用

(1)冷却作用

水的热容量和汽化热都比较大。水的比热容 4.18 kJ/(kg·K),水的蒸发潜热为 $2.259×10^3$ kJ/kg 热量。

不仅如此,水与炽热的含碳等可燃物接触时还会吸收大量热,并发生下列化学反应。

$$C + H_2O \longrightarrow H_2 + CO - 161.5 \text{ kJ}$$
$$CO + H_2O \longrightarrow H_2 + CO_2 - 0.8 \text{ kJ}$$

由此可见,水在与燃烧物接触后,就会通过上述物理作用和学反应,从燃烧物摄取大量的热,迫使燃烧物的温度大大降低而终止燃烧。

(2)对氧的稀释作用(窒息作用)

1 kg 水能够生成 1 720 L 水蒸气。水遇到炽热的燃烧物后汽化产生的大量水蒸气,能够阻止气进入燃烧区,并能稀释燃烧区中氧的含量,使燃烧区逐渐缺少而减弱燃烧强度。

(3)对水溶性可燃液体的稀释作用

水溶性可燃液体发生火时,在允许用水扑救的条件下,水与可燃液体混合后,可降低它的浓度和燃烧区内可燃蒸气的浓度,使燃烧强度减弱。在水溶性可燃液体的浓度降低到可燃浓度以下时,燃烧即自行停止。

(4)水力冲击作用

经消防泵加压后输送到水枪喷射出来的水流具有很大的动能和冲击力。高压水流强烈冲击燃烧物和火焰,以冲散燃烧物,使燃烧强度显著减弱以致熄灭。

3)水流形态的消防应用范围

(1)直流水和开花水

通过水泵加压并由直流水枪喷出的柱状水流称为直流水;由开花水枪喷出的滴状水流称为开花水(开花水的水滴直径一般大于 100 μm)。直流水和开花水可用于扑救一般固体物质的火灾(如煤炭、木制物品、粮草、棉麻、橡胶、纸张等)。

（2）雾状水

由喷雾水枪喷出、水滴直径小于 100 μm 的水流称为雾状水流。同样体积的水以雾状喷出，可以获得比直流水或开花水大得多的体表面积，大大提高水与燃烧物或火焰的接触面积，有利于水对燃烧物的渗透。因此，雾状水降温快、灭火效率高、水渍损失小。大量的微小水滴还有利于吸附烟尘，故可用于扑救粉尘火灾，纤维状物质及谷物堆囤等固体可燃物的火灾；又因微小的雾滴互不接触，所以雾状水流还可以用于扑救带电设备的火灾。但与直流水相比，开花水和雾状水的射程都较近，不能远距离使用。

4）用水灭火应注意的问题

（1）遇水能够发生化学反应的物质着火，不能用水扑救。例如碱金属、碱土金属和一些轻金属着火时，能产生高温，水遇高温后会分解放出氢气，并放出大量热，使氢气自燃或爆炸；电石遇水后会生成易燃的乙炔气，并放出大量的热，容易引起爆炸。此外，熔化的铁水或钢水引起的火灾，在铁水或钢水未冷却时也不能用水扑救，因为水在熔化的铁水或钢水的高温作用下会迅速蒸发并分解出氢和氧，故也有爆炸危险。

（2）非水溶性可燃液体的火灾，原则上不能用水扑救，但原油、重油可以用雾状水流扑救。

（3）直流水不能扑救可燃粉尘（面粉、铝粉、煤粉、糖粉、锌粉等）聚集处的火灾。也不能扑救高温设备火灾。

（4）储存大量浓硫酸、浓硝酸和盐酸的场所发生火灾，不能用直流水扑救，以免引起酸液飞溅。必要时，可用雾状水扑救。

（5）贵重设备、精密仪器、图书、档案火灾不能用水扑救。因为易引起水渍损失，损坏设备。

（6）使用一般淡水和直径为 13~16 mm 的直流水枪扑救 35 kV 以下带电设备火灾时，保持 10 m 安全距离不会发生触电危险。

2. 泡沫灭火剂

1）泡沫灭火剂的分类和灭火原理

凡能够与水混溶，并可通过化学反应或机械方法产生灭火泡的灭火剂，称为泡沫灭火剂。泡沫灭火剂一般由发泡剂、泡沫稳定剂、降黏剂、抗冻剂、助溶剂、防腐剂及水组成。防腐剂及水组成。泡沫灭火剂的灭火机理主要是冷却、窒息作用，即在着火的燃烧物表面上形成一个连续的泡沫层，通过泡沫本身和所析出的混合液对燃烧物表面进行冷却，以及通过泡沫层的覆盖作用使燃烧物与氧隔绝而灭火。

泡沫灭火剂主要用于扑救非水溶性可燃液体及一般固体火灾。特殊的泡沫灭火剂可用于扑救水溶性可燃液体火灾。泡沫灭火剂的主要缺点是水渍损失和污染、不能用于带电火灾的扑救。

（1）分类

现在应用的泡沫灭火剂,主要是空气泡沫和化学泡沫两大类。空气泡沫是通过空气泡沫灭火剂的水溶液与空气在泡沫产生器中进行机械混合搅拌而生成的,所以又称为机械泡沫,因泡沫中所包含的气体一般为空气,所以又称为空气泡沫。化学泡沫灭火剂主要是由硫酸铝和碳酸氢钠两种化学药剂组成,其水溶液通过化学反应生成灭火泡沫。空气泡沫灭火剂按泡沫的发泡倍数又可分为低倍数泡沫、中倍数泡沫和高倍数泡沫三类。低倍数泡沫灭火剂的发泡倍数一般在 20 倍以下;中倍数泡沫灭火剂的发泡数在 20~500 倍之间;高倍数泡沫灭火剂的发泡倍数在 500~1 000 倍之间。根据发泡剂的类型和用途,低倍数泡沫灭火剂又可分为蛋白泡沫、氟蛋白泡沫、水成膜泡沫(又称为“轻水”泡沫)、合成泡沫和抗溶性泡沫五种类型。中、高倍数泡沫灭火剂属于合成泡沫的类型。

（2）灭火原理

空气泡沫是由空气泡沫灭火剂的水溶液通过机械作用,充填大量空气后形成的无数小气泡。通常使用的灭火泡沫的发泡倍数范围为 2~1 000,相对密度范围为 0.001~0.5。由于它的相对密度远远小于一般可燃液体的,因而可以漂浮于液体表面形成一个泡沫覆盖层。灭火泡沫还具有一定的黏性,可以黏附于一般可燃固体的表面。泡沫灭火剂在灭火中的主要作用如下:

①灭火泡沫在燃烧物表面形成的泡沫覆盖层,可使燃烧物表面与空气隔绝,起到窒息灭火的作用。

②泡沫层封闭了燃烧物表面,可以遮断火焰的热辐射,阻止燃烧物本身和附近可燃物质的蒸发。

③泡沫析出的液体可对燃烧物表面进行冷却。

④泡沫受热蒸发产生的水蒸气可以降低燃烧物附近氧气的浓度。

2）蛋白泡沫灭火剂

蛋白泡沫灭火剂是以动物性蛋白质或植物性蛋白质的水解浓缩液为基料,加入适当的稳定剂、防腐剂和防冻剂等添加剂的起泡性液体。属于空气泡沫灭火剂的一种类型。

（1）组分

蛋白泡沫灭火剂是由动、植物的蛋白质如马、羊、猪的蹄角、毛、血或豆饼、菜籽饼等)在碱液(氢氧或氢氧化钙)作用下,经部分水解后,再加工浓缩而成的起泡溶液,它的主要成分是水和水解蛋白。

蛋白泡沫液按与水的混合比例来分,有 6%型和 3%型;按制造原料来分,有植物蛋白和动物蛋白两类。目前生产的,植物蛋白型居多。

（2）应用范围

蛋白泡沫灭火剂主要用于扑救各种石油产品、油脂等不溶于水的可燃液体火灾,也可用于扑救木材等一般可燃固体的火灾。由于蛋白泡沫具有良好的热稳定性,因而在油罐灭火被广泛应用。还由于它析液较慢,可以较长时间密封油面,防止油罐火灾蔓延时,常常将泡沫喷入未着火的油罐,以防止着火油罐的辐射热。另外,在飞机的起落架发生故障而迫降时跑道上喷洒一层蛋白泡沫,也可以减少机身与地面的摩擦,防止飞机起火。

蛋白泡沫不能用于扑救水溶性可燃液体以及电器和遇水发生化学反应物质的火灾。

3) 氟蛋白泡沫灭火剂

含有氟碳表面活性剂的蛋白泡沫灭火剂称为氟蛋白泡火剂。它是在蛋白泡沫液中加入适量的"6201"预制液而成;"6201"预制液是由氟碳表面活性剂、异丙醇和水按 3:3:4 量比配制成的水溶液,又称为 FCS 溶液。

(1) 特点

氟蛋白泡沫灭火剂的灭火原理与蛋白泡沫基本相同,但由于氟碳表面活性剂的作用,使它的水溶液、泡沫和灭火能力等发生了重大变化,故灭火效率大大优于蛋白泡沫灭火剂,优点如下:

① 发泡性能好

"6201"氟碳表面活性剂水溶液,具有很小的表面张力。同时"6201"还可降低灭火剂水溶液与油类之间的张力。表面张力和界面张力的降低,都意味着产生泡沫所需的相对减少。

② 易于流动

使用氟蛋白泡沫灭火,以较薄的泡沫可较快地把油面覆盖,而且又不易受到分隔破坏。

由于机械作用使泡沫层破裂或断开时,也因它有良好的流动表面自行愈合,所以它具有很好的自封能力。氟蛋白泡沫灭火效果优于蛋白泡沫。试验表明,对相同燃烧面积,使用相同强度的氟蛋白泡沫控制火势时,其灭火时间要比蛋白泡沫少 1/3以上。

③ 疏油能力强

由于氟蛋白泡沫的氟碳表面活性剂分子中碳链既有疏水性又有很强的疏油性,使它既可以在泡沫与油的表面上形成水膜,也能把油滴包于泡沫中,阻止油的蒸发,降低泡沫的燃烧性。

④ 与干粉的相容性能好

为了同时发挥两种灭火剂的优点,缩短灭火时间,故在扑救油类火灾时,往往将泡沫灭火剂和干粉灭火剂联合使用。其中干粉灭火剂可以迅速压住火势,泡沫则覆盖在油面上,防止复燃,最后干粉灭火剂还能扫除残火,把火迅速扑灭。但是蛋白泡沫灭火剂却不能与一般干粉灭火剂联用。因为一般干粉中所常用的一些防潮剂(如硬脂酸泡沫)的破坏作用很大,两者一经接触,泡沫就会很快被破消失。所以蛋白泡沫剂只能与少数经过特制的干粉灭火剂联用,使用上就受到限制。而氟蛋白泡沫由碳表面活性剂的作用,使它具有抵抗干粉破坏的能力。

(2)应用范围

氟蛋白泡沫灭火剂主要用于扑救各种非水溶性可燃液体和一般可燃固体火灾,尤其被广泛用于扑救大型储罐,散装仓库、输送中转装置、生产工艺装置、油的火灾及飞机火灾。在扑救大面积油类火灾中,氟蛋白泡沫与干粉灭火剂联用则效果更好。它的显著特点是可以采用液下喷射的扑救油罐火灾。氟蛋白泡沫灭火剂不能用于扑救水溶性可燃液体和遇水燃烧爆炸物质以及带电设备的火灾。

4)轻水泡沫灭火剂

(1)作用原理

轻水泡沫灭火剂又称水成膜泡沫灭火剂,由碳表面活性剂、碳氢表面活性剂和改进泡沫性能的各种添加剂组成。其灭火原理主要靠泡沫和水膜的双重作用。

①泡沫的灭火作用

轻水泡沫灭火剂的灭火作用,优于泡沫和氟蛋白泡沫。轻水泡沫中由于氟碳表面活性剂和其他添加剂的作用,使它具有更低的临界剪切应力,因而流动性好。当轻沫喷射到油面时,泡沫能迅速地在油面上展开,与水膜综合将火扑灭。

②水膜的灭火作用

由于氟碳表面活性剂和无氟表面活性剂联合作用的结果,轻水泡沫能够在油类的表面上形成一层薄膜并迅速扩散,因而具有非常好的流动性。薄水膜漂浮于油上,使燃料与空气隔绝,阻止油的蒸发,并有助于泡沫流动,故灭火效果优于蛋白泡沫。

(2)应用范围

轻水泡沫灭火剂,主要用于扑救一般非水可燃液体火灾,是一种理想的灭火剂。它与干粉联用,灭火效果好。还可采用液下喷射的方法扑救油类火灾,也可以扑救飞机或设备破裂而造成的流散液体火灾。

轻水泡沫灭火剂的使用混合比为6%型,用于一般低倍数灭火设备,使用方便。但是,轻水泡沫的25%析液时间较短,仅为蛋白和氟蛋白泡沫的1/2左右,泡沫稳定性不好;密封油面和抗烧时间较短,防止复燃和隔离热液面的性能不如蛋白和氟蛋白泡沫。此外,轻水泡沫遇到灼热的油罐壁时,容易被高温破坏而失去水分,变成极薄的泡沫骨架,这时除用水冷却油罐外,还要喷射大量的新鲜泡沫。轻水泡沫灭火剂,不能用于扑救水溶性可燃液电气和具有遇湿易燃性物质的火灾。

5)抗溶性泡沫灭火剂

用于扑救水溶性可燃液体火灾的泡沫灭火剂称为抗溶性泡沫灭火剂。抗溶性泡沫在灭火中的作用除与一般空气泡沫相同外,还由于从抗溶泡沫中析出的水,可以对水溶性可燃液体的表层有一定的稀释作用,而有利于灭火。

抗溶性泡沫灭火剂主要应用于扑救乙醇、甲醇、丙酮、乙酸乙酯等一般水溶性可燃液体的火灾,不宜用于扑救低沸点的醛、醚以及有机酸、氨类等液体的火灾。虽然它亦可以扑灭一般油类火灾和固体火灾,但因价格较贵,故一般较少采用。

6) 高倍数泡沫灭火剂

以合成表面活性剂为基料、发泡倍数为数百倍乃至上千倍的泡沫灭火剂称为高倍数泡沫灭火剂。我国研制的 YEGZ 型高倍数泡沫灭火剂为浅红色的透明液体,由发泡剂、泡沫稳定剂、组合抗冻剂及水组成。发泡剂为脂肪醇硫酸钠,它是一种阴离子型表面活性剂,具有较好的发泡性能,并有一定的耐硬水能力。泡沫稳定剂为十二醇,它可降低泡沫的析液速度,使泡沫在相当长的一段时间内维持一定水分,不致被迅速破坏。组合抗冻剂为多种成分的混合物,这种混合物可提高泡沫液的抗冻能力和耐热性,并对稳定剂和发泡剂有一定的助溶作用。其性能特点如下:

①气泡直径大,一般在 10 mm 以上;

②发泡倍数高,可高达 1 000 倍以上;

③发泡量大,大型高倍数泡沫产生器可在 1 min 内产生 1 000 m³ 以上的泡沫。

由于这些特点,高倍数泡沫可以迅速充满着火的空间,使物与空气隔绝,火焰窒息。尽管高倍数泡沫的热稳定性较差,易被火焰破坏,但因大量泡沫不断补充,破坏作用微不足道,迅速覆盖可燃物,扑灭火灾,故具有灭火强度大、速度快、水失少、容易恢复工作、产品成本低、无毒、无腐蚀性的特点。

高倍数泡沫主要适用于非水溶性可燃液体火灾和一般固体火灾。特别适用于全充满的方式来扑灭汽车库、汽车修理间、液体机房、油品厂房和库房、洞室油库、锅炉房的燃料油泵房机库、飞机修理库、船舶舱室、油船舱室、地下室、地下建筑矿坑道等有限空间的火灾。也适用于扑救油池火灾和可燃液体造成的流散液体火灾。由于高倍数泡沫相对密度小,在产生泡沫的气流作用下,可以通过适当的管道被输送到一定高度或较远的地方去灭火。

高倍数泡沫灭火剂不能用于扑救油罐火灾。因为油罐上方的热气体升力很大,而泡沫的密度很小,不能覆盖到油面上。也不适于扑救水溶性可燃液体火灾,但对室内储存的少量可燃液体火灾,亦可用全充满的方法来扑灭。

采用高倍数泡沫灭火时,要注意进入高倍数泡沫产生器的不得含有燃烧产物和酸性气体,否则,泡沫容易被破坏。

3. 干粉灭火剂

干粉灭火剂,又称化学粉末灭火剂,是用于灭火的干燥、易于流动的微细粉末,由具有灭火效能的无机盐和少量的添加剂经干燥、粉碎、混合而成微细固体粉末组成。

主要是化学抑制和窒息作用灭火。除扑救金属火灾的专用干粉灭火剂外,常用干粉灭火剂一般分为 BC 干粉灭火剂和 ABC 干粉灭火剂两大类,如碳酸氢钠干粉、改性钠盐干粉、磷酸二氢铵干粉、磷酸氢二铵干粉、磷酸干粉等。

1)类型

目前使用的干粉灭火剂主要有以下两种。

(1)普通干粉灭火剂

普通干粉灭火剂主要是全硅化碳酸氢钠干粉,其价格较便宜,是生产及用量最大的一类干粉灭火剂。这类灭火剂适用于扑灭 B 类火灾和 C 类火灾,又称为 BC 类干粉。

(2)多用途干粉灭火剂

多用途干粉灭火剂主要是磷酸铵盐干粉,具有抗复燃的性能,不仅适用于扑救液体、气体火灾,还适用于扑救一般固体物质的火灾(A 类火),因此又称为 ABC 类干粉。

2)全硅化碳酸氢钠干粉灭火剂的组成配比

全硅化碳酸氢钠干粉灭火剂是以碳酸氢钠为基料,以有机硅化物(硅油)为防潮剂,以云母粉作为防振实物质,以改善干粉的结块倾向和干粉的流动性,是在催化剂的作用下,经烘干、粉碎、过筛制成。其配比是:碳酸氢钠 92%;活性白土 4%;云母粉等防振实抗结块添加剂 4%;有机硅油 0.5 mL/100 g。

3)灭火原理

干粉灭火剂平时储存于灭火器或干粉灭火设备中。灭火时靠加压气体(一氧化碳或氮气)的压力将干粉从喷嘴射出,形成一股夹着加压气体的雾状粉流,射向燃烧物。当干粉与火焰接触时,便发生一系列的物理化学作用,而把火焰扑灭。

(1)化学抑制作用

有焰燃烧是一种链锁反应。燃料在火焰的高温下吸收活化能而被活化,产生大量的活性基团,但在氧的作用下又被氧化成为非活性物(水及二氧化碳等)。干粉颗粒则是对燃烧活性基团发生作用,使其成为非活性的物质。当粉粒与火焰中产生的活性基团接触时,活性基团被瞬时吸附在粉粒表面,并发生如下反应。

$$M(粉粒) + OH \cdot \longrightarrow MOH$$
$$MOH + H \cdot \longrightarrow M + H_2O$$

通过上面的反应,这些活泼的 OH·和 H·在粉粒表面结合,形成了不活泼的水。所以,借助粉粒的作用,可以消耗火焰中活泼的 H·和 OH·。当大量的粉粒以雾状形式喷向火焰时,可以大量吸收火焰中的活性基团,使其数量急剧减少,并中断燃烧的链锁反应,从而使火焰熄灭。上述粉粒表面对活性基团的作用称为负催化作用或抑制作用。此外,粉粒的大小与灭火效力也有很大关系。从粉末对燃烧的化学抑制作用看,同一化学成分的粉粒,其体表面积越大,则与火的接触面积越大。为了增加喷入火区粉粒的总表面积,就需将粉粒研磨得尽量细一些,使其平均粒径相对减小,而比表面积相对增大。当然,粉末也不宜过细,太小的粉粒,易被风或热流带走。

(2)"烧爆"现象

干粉与火焰接触时,其粉粒受高热的作用,以爆裂成为许多更小的颗粒。这样,使在火焰中粉末的比表面积急剧增大,大大增加了与火焰的接触面积,从而表现出很高的灭火能力。

(3)降低热辐射和稀释氧的浓度

使用干粉灭火时,浓云般的雾会将火焰包围,可以降低火焰对燃料的热辐射;同时粉末受高温的作用,将会放出结晶水或发生分解,不仅可吸收火焰的部分热量,而分解生成的不活泼气体又可稀释燃烧区内氧的浓度。但这些作用对灭火的影响远不如抑制作用大。

4)应用范围

全硅化碳酸氢钠干粉灭火剂,适用于扑救可燃液体、气体和电气设备火灾,也可与氟蛋白泡沫和轻水泡沫联用扑灭大面积油类火灾,但因其对燃烧物的冷却作用很小,扑救大面积油类火灾时,火不完全或因火场炽热物的作用,易引起复燃。这时需与喷雾水苞配合。

全硅化碳酸氢钠干粉灭火剂不适于扑救木材、轻金属和碱金属火灾;因其灭火后留有残渣,也不能扑救精密仪器设备火灾。

4. 二氧化碳灭火剂

二氧化碳是一种气体灭火剂,在自然界中存在也较为广泛,价格低、获取容易,其灭火主要依靠窒息作用和部分冷却作用。主要缺点是灭火需要浓度高,会使人员受到窒息毒害。

二氧化碳俗称碳酸气,是一种惰性气体。所以,很久以前就被用来作为一种灭火药剂。

1)二氧化碳灭火剂的性质

(1)物理性质

二氧化碳在常温常压下是一种无色、无味的气体,不燃烧,不助燃,密度约为空气的1.5倍,加压降温可使其液化,其固体称为干冰。液态二氧化碳由钢瓶放出时,能迅速蒸发成气态,体积扩大460多倍,同时温度急剧下降到-78.5 ℃,液态二氧化碳蒸发时,需吸热576.8 kJ。由于蒸发吸热作用,液态二氧化碳变成雪花状固体(干冰),干冰在-78.5 ℃时,又吸收大量热直接升华成气态。

(2)化学性质

二氧化碳在高温下可与强还原剂反应。如点着的镁条可在二氧化碳中燃烧。这是因为金属镁燃烧的高温可将二氧化碳分解。

$$2Mg + CO_2 \xrightarrow[\text{燃烧}]{600\ ℃} 2MgO + C$$

二氧化碳能溶于水生成弱酸：

$$CO_2 + H_2O \Longrightarrow H_2CO_3$$

2）灭火原理

二氧化碳不燃烧、不助燃、不导电。当用其灭火时，在燃烧区内能稀释空气，降低空气中的氧含量，当燃烧区域空气中氧的含量低于12%或者二氧化碳达到30%~35%时，大多数燃烧物质火焰会熄灭。

由于二氧化碳较空气重，在灭火时会首先占据空间的下部，起到稀释和隔绝空气的作用。同时，由于二氧化碳是在高压液化状态下充装钢瓶的，当放出时，会迅速蒸发，温度急剧降低到−78.5 ℃，有30%二氧化碳凝结成雪花状固体，低温的气态和固态二氧化碳，对燃烧物也有一定的冷却作用。

3）使用范围

二氧化碳灭火后能很快散逸，不留痕迹。它适用于扑救各种可燃液体和用水、泡沫、干粉等灭火剂灭火时，容易受到污损的固体物质火灾。如电气、精密仪器、贵重设备、图书档案等。还可扑救600 V以下的各种电气设备火灾。

二氧化碳不能扑救钠、钾、铝、锂等碱金属和碱土金属及其氢化物火灾；不能扑救在惰性介质中能自身供氧燃烧物质的火灾（如硝酸纤维）。

4）安全要求

二氧化碳对眼睛黏膜、呼吸道、皮肤等具有刺激性。当空气中含有2%~4%（体积分数）二氧化碳气体时，人的呼吸会加快；含有4%~6%二氧化碳气体时，会出现剧烈的心痛、耳鸣、心跳；含量在6%~10%时，人会失去知觉；含有20%时，会造成人员死亡。因此，使用时应注意防止窒息对人体的危害。

5. 气溶胶灭火剂

气溶胶灭火剂是通过固体氧化剂与还原剂发生化学反应（燃烧）而产生的固体与气体混合物。气体与固体产物的比约6∶4，其中固体颗粒主要是金属氧化物、碳酸盐或碳酸氢盐、炭粒和少量金属碳化物（主要是钾和钾盐），气体产物是N_2，少量的CO_2和CO。固体微粒的粒径大部分小于1 pm，悬浮于气体介质中。由于微粒极为细小，具有非常大的比面积，因此成为较好的灭火剂。

1）灭火机理

气溶胶的灭火机理比较复杂，一般认为有以下几种作用。

（1）吸热分解的降温作用

金属氧化物K_2O在温度大于350 ℃时就会分解，K_2CO_3的熔点为891 ℃，超过此温度即分解,并存在着强烈的吸热反应。

(2)气相化学抑制作用

在热的作用下,气溶胶中的固体微粒离解出的 K 可能以蒸气或阳离子的形式存在。在瞬间它可能与燃烧中的活性基团 H·、OH·和 O·发生多次链反应,消耗活性基团和抑制活性基团 H·、OH·和 O·之间的放热反应,对燃烧反应起到抑制作用。

(3)固体颗粒表面对链式反应的抑制作用(固相化学抑制作用)

气溶胶中的固体微粒具有很大的表面积和表面能,在火场中被加热和发生裂解需要一定的时间,并不可能完全被裂解或汽化。固体颗粒进人火场后,受可燃物裂解产物的冲击,由于它们相对于活性基团 H·、OH·和 O·的尺寸要大得多,故活性基团与固体微粒表面相碰撞时,被瞬间吸附并发生化学作用,其反应如下:

$$K_2O(s) + 2H(g) \longrightarrow 2KOH(s)$$
$$KOH(s) + OH(g) \longrightarrow OK(s) + H_2O(s)$$
$$K_2O(s) + O(g) \longrightarrow 2OK(s)$$
$$KO(s) + H(g) \longrightarrow KOH$$

上述反应快速反复进行从而产生瞬时灭火和有效防止复燃。

2)主要特点

气溶胶灭火剂主要具有灭火速度快,效率高,无毒害,无污染,不消耗大气臭氧层,电绝缘性良好,气溶胶释放后能见度差的特点。

3)适用范围

气溶胶灭火剂适于扑救固体表面火灾、液体和气体火灾、电气设备火灾。不适于扑救:硝酸纤维、火药等无空气条件下仍能迅速氧化的化学物质火灾;钾、钠、镁、钛、锆、铀、钚等活泼金属火灾;氢化钾、氢化钠等金属氧化物火灾;过氧化物、联氨等能自行分解的化学物质火灾;氧化氮、氯、氟等强氧化剂火灾;磷等自燃物质火灾;可燃固体物质的深位火灾等。

6. 烟烙尽灭火剂

烟烙尽灭火剂是由 52%的氮气、40%氩气、8%二氧化碳 3 种气体组成的混合气体,相对分子质量为 34.1,比空气略重一些,属于惰性气体灭火剂。

1)灭火机理

烟烙尽的灭火机理与二氧化碳灭火剂基本相同,即通过降低防护区的氧气浓度(由空气正常含氧量的 21%降至 12.5%以下),使其不能维持燃烧而达到灭火的目的。

2)主要特点

(1)对环境无不良影响。烟烙尽由大气层中的天然气体组成,它的释放只是将这些天然气体放回大气层,对大气臭氧层耗损潜能值 ODP = 0。

（2）烟烙尽在灭火时不会发生任何化学反应,不污染环境,无毒、无腐蚀性,具有良好的电绝缘性能。

（3）灭火时对人的生命不构成危害。由于烟烙尽是一种无色透明的气体,喷放时不会形成浓雾而影响视野,可确保逃生时看清任何出口。在低氧的环境中,烟烙尽中的二氧化碳对人体平衡需氧量具有很重要的作用,当二氧化碳的浓度增加到空气的总体积的2%~5%时,能引起人体的深呼吸,从而加速血液循环,即氧气含量低于12%时,人体仍有足够的氧气进行呼吸,但火已没有足够的氧气维持燃烧了。因此,烟烙尽喷放到防护区后,其内的工作人员仍能正常呼吸,故火灾发生后不需要任何延迟喷放,这是其他灭火剂所不具备的。具有灭火剂喷放早,扑火早,损失小的特点。

3)适用范围

烟烙尽灭火剂适应的火灾范围与二氧化碳灭火剂相同。但其价格较贵,使其应用受到限制。

2.3 灭 火 器

2.3.1 灭火器基本知识及类型

1. 灭火器的基本知识

灭火器是指在内部压力作用下,将充装的灭火剂喷出,以扑灭火灾的灭火器材。灭火器是由筒体、器头、喷嘴等部件组成,借助驱动压力将所充装的灭火剂喷出,达到灭火的目的。是扑救初起火灾的重要消防器材。灭火器按所充装的灭火剂可分为泡沫、干粉、卤代烷、二氧化碳、酸碱、清水等几类。灭火器主要用来扑救初起火灾,是常备灭火器材。

1)灭火器的开启方法

（1）压把法。这是最常用的开启灭火器的方法。干粉灭火器、卤代烷灭火器和部分二氧化碳灭火器都使用这种方法开启。具体操作方法是:将这几种灭火器提到距火源适当距离后,让喷嘴对准燃烧最猛烈处(其中,干粉灭火器应上下颠倒几次,使筒内的干粉松动),然后拔去保险销,压下压把,灭火剂便会喷出灭火。

（2）拍击法。使用清水灭火器时,在距燃烧物10 m处,将其直立放稳,摘下保险销,用手掌拍击开启杠顶端的凸头,水流便会从喷嘴喷出。

（3）颠倒法。这是开启泡沫灭火器和酸碱灭火器的方法。使用泡沫灭火器时,在距起火点10 m处,一只手提住提环,另一只手抓住筒底上的底圈,将灭火器颠倒过来,泡沫即可喷出;使用酸碱灭火器时,在距起火点10 m处,用手指压紧喷嘴,将灭火器颠倒过来上下摇动几下,然后松开手指,一只手提住提环,另一只手抓住底圈,灭火剂即可喷出。

(4)旋转法。这是开启干粉灭火器棒和部分二氧化碳灭火器的方法。使用干粉灭火棒时,左手握住其中部,将喷口对准火焰根部,右手拔掉保险卡,顺时针方向旋转开启旋钮,打开贮气瓶,滞时1~4 s,干粉便会在二氧化碳气体压力的作用下,从喷嘴喷射;当使用旋开式二氧化碳灭火器时,将灭火器提到距火源5 m处,一只手握住喇叭形喷筒根部的手柄,把喷筒对准火焰,另一只手旋开手轮,二氧化碳就会喷出。这里要特别注意,干粉灭火棒是顺时针方向旋开,而二氧化碳灭火器则是逆时针方向旋开。

2)灭火器的喷射方法

(1)连续喷射

常用的手提灭火器的喷射时间仅有10 s左右,推车式灭火器也仅30余秒,为充分发挥其效能,一般应集中灭火剂连续喷射。

(2)点射

各种灭火器中,除二氧化碳灭火器和泡沫灭火器外,大都可用点射的方法清理零星余火,以节约灭火剂。在寒冷季节使用二氧化碳灭火器时,阀门(开关)开启后,不得时启时闭,以防冻结堵塞。

(3)平射

这是大部分灭火器的喷射方向。如用干粉扑救地面油火时,要平射,左右摆动,由近及远,快速推进;使用1211灭火器时,将喷嘴对准火焰根部,向火源边缘左右摆动,并快速向前推进。

(4)侧射

使用二氧化碳灭火器时,因二氧化碳主要是隔绝空气,窒息灭火,所以喷筒要从侧面向火源上方往下喷射,喷射的方向要保持一定的角度,使二氧化碳能覆盖着火源。大量灭火试验证明,用这种灭火方法,效果很好,如果按照干粉、1211灭火器的灭火方法,向前平推扫射,就很难达到较好的灭火效果。

2. 常用灭火器

1)清水灭火器

清水灭火器采用储气瓶加压的方式,利用二氧化碳钢瓶中的气体作动力,将灭火剂喷射到燃烧物上,以达到灭火目的。清水灭火器适用于扑灭可燃固体物质火灾。清水灭火器是以清水为主要灭火剂,再加适量的防冻剂,润湿剂,阻燃剂等。

(1)构造

清水灭火器主要由筒体、筒盖、喷射系统及二氧化碳储气瓶等部件组成。

①筒体

它由薄钢板冲压成卷圆形焊接而成。用来存放灭火剂和二氧化碳储气瓶。

②筒盖

用铝合金压铸而成,盖上有安全帽。与筒体密封结合。在筒盖上还装有开启机构、喷射系统及提把等。

③二氧化碳储气瓶

储气瓶由无缝钢管加热旋压收口而成,用来储存喷射水的液化二氧化碳气体,为安全起见,钢瓶上设计有超压安全保护装置。

④喷射系统

由喷嘴、出液管、二氧化碳气体导出管等组成。喷嘴由工程塑料或金属材料加工而成,它是决定灭火器喷射性能的关键零件之一。出液管是水由筒体内向外喷射的通道,用硬聚氯乙烯或金属管制成,在其下端人口处装有滤网,以防通道被杂物、堵塞。

(2)规格性能

清水灭火器只有手提式一种,型号为 MSQ₉,灭火器高度 635 mm,简体内径为160 mm,充装水(一般自来水)和少量添加剂,充装量为 9 L。清水灭火器射程为 8~10 m,喷射时间为 40~50 s。其存放地点的环境温度宜在 4~55 ℃ 范围内,冬季应注意防冻。简体的试验压力为 2.5 MPa,即当在此压力下维持 2.5 min,不应有泄漏和变形等现象。

(3)使用方法

①将灭火器提至火场,距起火物 10 m 左右。

②取下安全帽,然后用手掌拍击开启杆凸头,这时二氧化碳储气瓶的密封片被击破,二氧化碳气体进入简体内,形成压力迫使清水从喷嘴喷出,进行灭火。

③当喷嘴喷出水时,立即一手提灭火器的提环,另一手托住灭火器的底圈,将射流对准燃烧最猛烈处喷射。随着灭火器的喷射距离缩短,操作者应逐步向燃烧物靠近,使射流始终喷射在燃烧处,直至将火扑灭。

④使用过程中,灭火器应始终保持与地面垂直状态,切忌颠倒或横卧,以避免喷射中断或者只喷出少量清水。

⑤每年应检查一次二氧化碳小钢瓶的质量。若质量减少 1/10 以上时,应重新充装二氧化碳气体。

2)二氧化碳灭火器

二氧化碳灭火器是利用其中的高压液态二氧化碳喷出灭火的。主要适用于扑救仪器仪表、贵重设备、图书资料等初起火灾。

(1)型式规格

二氧化碳灭火器按充装量分为:MT2 型、MT3 型、MTZs 型、MTZ7 型四种规格。其中 MT2 型和 MT3 型多为手轮式,MTZs 型和 MTZ7 型多为鸭嘴式。

(2)构造

MT 型手提式二氧化碳灭火器,主要由简身、启闭阀和喷筒组成。简身是用无缝钢管焖成,具有较高耐压强度。启阀采用铸铜制造,具有良好密封性能。在启闭阀下部有一根虹管,距筒底 3~4 cm 处的管端切成 30°的斜口。在启闭阀上安装;当温度超过 50 ℃或压力超过 18 MPa 时,会自行破裂放出二氧化碳。喷筒由喷管和喇叭筒组成,用来喷射二氧化碳。

(3)使用方法

灭火时,将灭火器喷筒对准火源根部,打开启闭阀,二氧化碳立即喷出。对鸭嘴式,右手打开保险装置,紧握 I 叭木柄,左手下压鸭嘴,二氧化碳即喷出;对手轮式,逆时针旋手轮,二氧化碳即可喷出灭火。

灭火器在使用过程中,要连续喷射防止余烬复燃,在室外灭灾时,不能逆风使用,也不允许颠倒使用,喷射时间短,使用要迅速,防止冻伤手。二氧化碳是窒息性气体,使用时要注意安全。

3)干粉灭火器

干粉灭火器按移动方式分为手提式、背负式和推车式三种。

(1)MF 型手提式干粉灭火器

干粉灭火器按储气瓶安装位置可分为:外装式和内装式两种。二氧化碳钢瓶在筒身内的称内装式,装在筒身外的称为外装式。

①构造

外装式干粉灭火器主要由筒身和筒身外的钢瓶组成。筒身上装有提柄、胶管和喷嘴。筒内装出粉管与进气管。钢瓶与筒身用紧固螺母连接。若干粉剂量≥4L,此时,要用间歇喷射结构和喷射软管,以实现点射,节省药剂。

②使用方法

使用外装式 MF 型干粉灭火器灭火时,一只手喷嘴,另一只手提起提环,握住提柄,将喷嘴对准火源根部。当拉起提环时,干粉在二氧化碳气体压力的作用下由喷嘴喷射形成浓云般粉雾,将火扑灭。扑救地面油火时,要平射,左动,由近及远,快速推进,要注意防止回火复燃。使用前,要上下颠倒几次,使干粉预先松动,然后再拉起提环。

(2)MFT 型推车式干粉灭火器

MFT 型推车式干粉灭火器按照二氧化碳钢瓶安装不同,可分为内装式(即二氧化碳瓶装在干粉筒内)和外装式(即二氧化碳瓶装在干粉筒外)两种。

2.3.2 灭火器配置

为了及时扑灭可能发生的初期火灾,在生产、使用、储存可燃物的各种场所应当配置适用的应急灭火器加以保护。

1. 灭火器的配置场所

(1)生产、使用、储存可燃物的各种场所要配置。在生产、使用、储存可燃物的工业和民用建筑中即使安装了消火栓、灭火系统,也应配置灭火器用于扑救初期火灾。这主要是为了防止发生完全可以用灭火器扑灭的小火而启动灭火系统灭火造成不必要的浪费。

（2）9层及9层以下的普通住宅可暂不配置。虽然普通住宅也有一定的火灾危险性,但由于目前我国的经济水平所限,普通居民的购买力还较低,因而对9层及9层以下的普通住宅暂不要求配置灭火器。

2. 选择灭火器类型应考虑的因素

（1）灭火器配置场所的火灾种类

灭火器配置场所的火灾种类是选择灭火器类型的主要依据之一。各种灭火器适用的火灾种类见表2.1。

表2.1　各种灭火器适用的火灾种类

灭火器类型	火灾种类	A类火灾	B类火灾		C类火灾	电气设备火灾
			油品火灾	水溶性液体火灾		
水型	清水	适用	不适用		不适用	不适用
	酸碱					
干粉型	磷酸铵盐	适用	适用		适用	适用
	碳酸氢钠					
化学泡沫		适用	适用	不适用	不适用	不适用
卤代烷型	1211	适用	适用		适用	适用
	1301					
二氧化碳		不适用	适用		适用	适用

（2）灭火器灭火的有效程度

灭火器灭火的有效程度是指适于扑救同一火灾的不同类型的灭火器,在灭火剂用量和灭火速度上的差异。

（3）灭火器对保护物品的污损程度

为了保护贵重物资与设备免受不必要的污渍损失,灭火器的选择应考虑其对被保护物品的污度。

（4）灭火器设置点的环境温度

灭火器设置点的环境温度不低于灭火器的使用温度范围。因为环境温度过低,可能影响灭火的喷射性能和灭火效率,甚至会使灭火器内灭火剂冻结;但环境温度过高,灭火器内压力剧增,可能影响灭火器的使用寿命和操作,甚至发生爆裂伤人事故。灭火器的使用温度范围见表2.2。

表 2.2　灭火器的使用温度范围

灭火器类型	使用温度范围(℃)	灭火器类型		使用温度范围(℃)
清水灭火器	4~55	干粉灭火器	储气瓶式	−10~55
			储压式	−20~55
酸碱灭火器	4~55	卤代烷灭火器		−20~55
化学泡沫灭火器	4~55	二氧化碳灭火器		−10~55

（5）火器使用人员的身体素质

设置灭火器时需要考虑建筑物内使用者的体力。

（6）不同类型灭火器之间的相容性

当在同一灭火器配置场所，选用两种或两种以上类型的灭火器时，应采用灭火剂相容的灭火器。灭火剂不相容的灭火器不得在同一场所配置。不相容的灭火剂见表 2.3。

表 2.3　不相容的灭火器

类　　型	不相容的灭火器	
干粉与干粉	碳酸氢钾、碳酸氢钠	碳酸铵盐
干粉与泡沫	碳酸氢钾、碳酸氢钠	蛋白泡沫
	碳酸氢钾、碳酸氢钠	化学泡沫

3. 灭火器的灭火级别

灭火器的灭火级别是根据灭火器灭火能力的大小（实际灭火试验）和适于扑救的火灾种类而确定的。目前世界各国仅有 A 和 B 两类灭火级别。表 2.4 列出了目前所有标准规格灭火器的灭火级别。各种灭火器可按其灭火级别相加和等效换算。

表 2.4　灭火器的灭火级别

灭火器类型		灭火器充装量		灭火级别	
		L	kg	A 类火灾	B 类火灾
水(清水)	手提式	7	—	5A	—
		8	—	5A	—
	手提式	6	—	5A	2B
		9	—	8A	4B
	推车式	40	—	13A	18B
		65	—	21A	25B
		90	—	27A	35B

灭火器类型		灭火器充装量		灭火级别	
		L	kg	A 类火灾	B 类火灾
干粉 (碳酸氢钠)	手提式	—	1	—	2 B
		—	2	—	5 B
		—	3	—	7 B
		—	4	—	10 B
		—	5	—	12 B
		—	6	—	14 B
		—	8	—	18 B
		—	10	—	20 B
	推车式	—	25	—	35 B
		—	35	—	45 B
		—	50	—	65 B
		—	70	—	90 B
		—	100	—	120 B
干粉 (碳酸铵盐)	手提式	—	1	3A	2B
		—	2	5A	5B
		—	3	5A	7B
		—	4	8A	10B
		—	5	8A	12B
		—	6	13A	14B
		—	8	13A	18B
		—	10	21A	20B
	推车式	—	25	21A	35B
		—	35	27A	45B
		—	50	34A	65B
		—	70	43A	90B
		—	100	55A	120B
二氧化碳	推车式	—	2	—	1B
		—	3	—	2B
		—	5	—	3B
		—	7	—	4B
	推车式	—	20	—	8B
		—	25	—	10B

4. 灭火器的配置基准

（1）基本配置基准

灭火器的基本配置基准是指灭火器的单位灭火级别在不同危险等级的建筑中的最大保护面积。灭火器的基本配置基准见表2.5。C类火灾配置场所灭火器的主要配置基准按B类火灾配置场所的规定执行。

表 2.5　灭火器的基本配置基准

危险级别 火灾种类	严重危险等级	中危险级	轻危险级
A 类火灾配置场所，最大保护面积（m²/A）	10	15	20
B 类火灾配置场所，最大保护面积（m²/B）	5	7.5	10

（2）辅助配置基准

灭火器的辅助配置基准包括规格基准、增量配置基准、减量配置基准和数量基准。

①规格基准

灭火器的规格基准是指在不同火灾种类和危险等级的建筑中所配置的每具灭火器的最小灭火级别。灭火器的规格标准见表2.6。C类火灾配置场所灭火器的规格基准按B类火灾配置场所的规定执行。

表 2.6　灭火器的规格基准

危险等级 火灾种类	严重危险级	中危险级	轻危险级
A 类火灾配置场所，每具灭火器的最小灭火级别	5A	5A	3A
A 类火灾配置场所，每具灭火器的最小灭火级别	8B	4B	1B

②增量、减量配置基准

增量、减量配置基准是根据不同场所的具体情况在规格基准上有所增减，以达到更加准确、经济的配置灭火器。具体增减幅度如下：

a. 地下建筑灭火器配置数量应按其相应的地面建筑的规定增30%。

b. 对设有消火栓的配置场所，可减配30%的灭火器。

c. 对设有灭火系统的配置场所，可减配50%的灭火器。

d. 对设有消火栓和灭火系统的场所，可减配70%的灭火器。

e. 对可燃物露天堆垛，甲、乙、丙类液体储罐，可燃气体储罐，可减配70%的灭火器。

③数量基准

指不同场所配置灭火器的具体数量。具体基准如下：

a. 一个灭火器配置场所内的灭火器,不应少于2个。

b. 每个设置点的灭火器不宜多于5具。

（3）保护距离

灭火器的保护距离是指灭火器配置场所内的任意着火点到最近灭火器设置点的行走距离。起火后能否及时、成功地扑灭初起火灾,取决于诸多因素,而灭火器到起火点的距离远近,显然是其中最重要的因素之一。因为它关系到人们能否及时地取用灭火器,赶到起火点进行灭火的问题。灭火器的保护距离是确定一个灭火器配置场所或计算单元内灭火器设置点数目和位置的主要依据。灭火器的设置应相对集中,在满足表2.7的最大保护距离的前提下,一般应取最少的设置点。设置在可燃物露天堆垛,甲、乙、丙类液体储罐,可燃气体储罐等灭火器配置场所的灭火器,其最大保护距离应按国家现行有关标准规范的规定执行。

表2.7　灭火器的最大保护距离（m）

危险等级 \ 配置场所	A类火灾配置场所		B类火灾配置场所	
	手提式灭火器	推车式灭火器	手提式灭火器	推车式灭火器
严重危险级	15	30	9	18
中危险级	20	40	12	24
轻危险级	25	50	15	30

5. 灭火器配置的设计计算程序

灭火器配置设计计算应按下述程序进行:

①确定各灭火器配置场所的危险等级;

②确定各灭火器配置场所的火灾种类;

③划分灭火器配置场所的计算单元;

④测算各单元的保护面积;

⑤计算各单元所需的灭火级别;

⑥确定各单元的灭火器设置点;

⑦计算每个灭火器设置点的灭火级别;

⑧确定每个设置点灭火器的类型、规格和数量;

⑨对设计结果进行验算;

⑩确定每具灭火器的设置方式和要求,在设计图上标明其类型、规格、数量与设

置位置。

6. 灭火器配置场所灭火级别的计算

(1)计算单元的划分

在建筑物或露天、半露天设施中,凡要配置灭火器的自然分隔的封闭空间或场地,都称为灭火器配置场所。如油漆间、配电间、仪表室、办公室、实验室、厂房、库房、舞台、生产装置区、堆垛等。在灭火器的配置设计中,为简化设计计算,常将相邻的若干个灭火器配置场所合并,作为一个总的灭火器配置场所考虑,称为一个计算单元。由此可见,所谓一个计算单元,就是灭火器配置设计中认定的一个灭火器配置场所。灭火器配置场所的计算单元,应按下列规定划分:

①灭火器配置场所的危险等级和火灾种类均相同的相邻场所,可将一个楼层或一个防火分区作为一个计算单元。这种计算单元,称为组合计算单元。

②灭火器配置场所的危险等级或火灾种类不相同的场所,应分别作为一个计算单元。这种计算单元称为独立计算单元。如建筑物内相邻的化学实验室与电子计算机房,就应分别作为一个计算单元配置灭火器。这时一个配置场所即为一个计算单元。

(2)保护面积的计算要求

灭火器配置场所的保护面积的计算应符合下列要求:

①建筑工程的保护面积应按其使用面积计算。一个独立计算单元的保护面积应为四周围墙内壁所围护的实际使用面积,不计四周墙体的占地面积。一个组合计算单元的保护面积应为其所包括的若干个灭火器配置场所的外围墙体内壁所围护的实际使用面积,不计该单元外围墙体和所有内隔墙体的占地面积。

②可燃物露天堆垛,可燃性液体储罐和气体储罐的保护面积,应按堆垛、储罐的占地面积计算。不计堆垛外围以及储罐防护堤与罐壁之间的区域面积。

(3)灭火级别的计算

①一个灭火器配置场所(计算单元)的灭火级别按下式计算:

$$Q = \frac{KS}{U}$$

式中　Q——灭火器场所所需的灭火级别,A 或 B;

　　　S——灭火器场所的保护面积,m^2;

　　　U——灭火器的主要配置基准,m^2/A 或 m^2/B;

　　　K——修正系数(对无消火栓和灭火系统的配置场所,$K=1.0$;对设有消火栓的配置场所,$K=0.7$;对设有灭火系统的配置场所,$K=0.5$;对设有消火栓和灭火系统的配置场所,$K=0.3$;对可燃物露天堆垛,可燃性液体和气体储罐的配置场所,$K=0.3$)。

②地下建筑灭火器配置场所所需的灭火级别按下式计算：

$$Q = 1.3 \frac{KS}{U}$$

③在一个灭火器配置场所,灭火器设置点的数目和位置应根据灭火器的保护距离和配置场所的实际情况确定。在设置点的数目确定之后,一般应将配置场所所需的灭火级别均衡地分配到每个灭火器设置点上。因此,每个灭火器设置点的灭火级别按下式计算：

$$Q_e = \frac{Q}{N}$$

式中　Q_e——灭火器配置场所每个设置点的灭火级别,A 或 B；

　　　Q——灭火器配置场所所需的灭火级别,A 或 B；

　　　N——灭火器配置场所中设置点的数量。

灭火器配置场所和每个设置点实际配置的所有灭火器的灭火级别之和均不得小于理论计算值。

7. 灭火器配置设计举例

例：某单位办公大楼内有一间电子计算机房,室内尺寸为:长 30 m,宽 15 m。室内计算机等工艺设备的占地面积均小于 4 m²。办公大楼内设有室内消火栓,机房内没有设置灭火系统。为保证初期防护的消防安全,试为该电子计算机房配置设计灭火器。

设计程序如下：

(1)确定灭火器配置场所的危险等级

根据民用建筑灭火器配置场所的危险等级分类,电子计算机房属严重危险级的民用建筑。

(2)确定灭火器配置场所的火灾种类

电子计算机房通常使用的物品多为磁带、磁盘、纸张、电线电缆和电子电器元件等固体可燃物,因此可认定该机房可能发生 A 类火灾。由于电子计算机属电气设备,失火时可能来不及或不允许切断总电源,故可确认该机房同时存在带电设备火灾。

(3)划分灭火器配置场所的计算单元

鉴于该电子计算机房与毗邻的办公室、会议室的危险等级、使用性质和保护面积均有较大差别,故应将其作为一个独立计算单元进行灭火器的配置设计。

(4)测算该单元的保护面积

建筑物的保护面积按使用面积计算。该单元的保护面积为：

$$S = 30 \times 15 = 450 (\text{m}^2)$$

（5）计算该单元所需的灭火级别

该机房属地面建筑，所需灭火级别按式 $Q = \dfrac{KS}{U}$ 计算。其中：$S = 450 \ m^2$；A 类火灾配置场所，严重危险级，$U = 10 \ m^2/A$；由于办公楼内设有消火栓，$K = 0.7$。将 S、U、K 的值代入得：

$$Q = \frac{KS}{U} = 0.7 \times \frac{450}{10} = 31.5 \ (A)$$

（6）确定该单元的灭火器设置点

在一个灭火器配置场所，灭火器设置点的数量和位置主要由灭火器的保护距离确定。在电子计算机房拟配置手提式灭火器，查表 2.7，灭火器的最大保护距离为 15 m。由于该单元内工艺设备的占地面积均小于 4 m^2，所以可采用保护圆简化设计法。如图 2.1 所示，以 A、B、C 三点为圆心，半径为 15 m 的三个保护圆覆盖了该单元的所有区域，无死点；且在该三点的墙壁和地面上均无工艺设备，故确定 A、B、C 为该单元的三个灭火器设置点。

（7）计算每个灭火器设置点的灭火级别

将该单元的灭火级别均衡分配到每个灭火器设置点上，每个设置点的灭火级别为：

$$Q_e = \frac{Q}{N} = \frac{31.5}{3} = 10.5 \ (A)$$

（8）确定每个设置点灭火器的类型、规格和数量

电子计算机既属电气设备，又属精密设备，从火灾种类看，是 A 类火灾伴随电气火灾，从灭火要求看，要求灭火速度快，灭火时不污损设备，灭火后不留痕迹，因而选用卤代烷灭火器。但因 1301 较贵，且由于机房内要求无振动，故选用手提式 1211 灭火器。选用 4 kg 的手提式 1211 灭火器三具，其灭火级别为 5 A×3 = 15 A＞10.5 A。

（9）对设计结果进行验算　验算的内容一般有四项。

①设置点的灭火级别：实际灭火级别 15 A＞计算值 10.5 A。

②该单元的灭火级别：实际灭火级别 15 A×3＞计算值 31.5 A。

③规格基准：严重危险级，A 类火灾场所，每具灭火器的最小值为 5 A。符合规范要求。

④数量基准：该单元内灭火器配置总数 3×3 具＞2 具。每个设置点的灭火器器数量 3 具＜5 具。

（10）确定灭火器的设置方式

在设计图上标明灭火器的类型、规格和数量。根据电子计算机房的使用性质和工艺要求，采用嵌入式墙式灭火器箱。设置高度：顶部与地面的高度不应大于

1.5 m。底部与地面的高度不应小于 0.15 m。灭火器在设计图上的标记如图 2.1 所示。

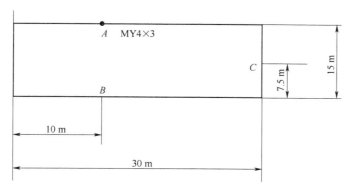

图 2.1　电子计算机房的灭火器配置

8. 灭火器的设置要求

（1）设置地点的要求

①位置明显

灭火器应设置在明显易见的处所或经常有人过的位置,如走廊、楼梯和门厅附近等。

②便于取用

灭火器设置点附近不得堆放物品,致使影响灭火器的取用;灭火器固定构件或灭火器箱均不得造成取用灭火器的困难。

③不影响安全疏散

灭火器的设置,特别是停放推车式灭火占用或阻塞疏散通道,不得影响人员的安全疏散。墙式灭火器的箱门打开时,也不得阻挡人员安全疏散。

（2）设置方式

手提式灭火器的设置方式有挂钩、托架、灭火器箱三种。手提式灭火器无论设置在挂钩、托架上还是放置在灭火器箱内,其顶部与地面的高度不应高于 1.5 m,底部离地面的高度不应小于 0.15 m;推车式灭火器应设置在水平地面上。灭火器在设置稳妥后其铭牌必须朝外,以便人们能方便地阅读铭牌上的说明,了解灭火器的性能、用途和使用方法。

（3）设置点的环境

灭火器设置点的环境条件如何,对保证灭火器的质量有重要影响。所以灭火器不应设置在潮湿或强腐蚀性的地点,如必须设置时,应有相应的保护措施;设置在室外时应有保护措施,不得直接遭受风吹、雨淋和日光曝晒;设置点的环境温度不得超出灭火器的使用温度范围。

2.4 消 防 系 统

常见的消防系统主要有水灭火系统、气体灭火系统、泡沫灭火系统、干粉灭火系统等。

1. 水灭火系统

水灭火系统是建筑中的重要消防设施。主要包括消火栓给水系统、自动喷水灭火系统、水幕和水喷雾灭火系统、水蒸气灭火系统等。

（1）水喷雾灭火系统

水喷雾灭火系统是利用专门设计的水雾喷头，在水雾喷头的工作压力下将水流分解成粒径不超过 1 mm 的细小水滴进行灭火或防护冷却的一种固定灭火系统。其主要灭火机理为表面冷却、窒息、乳化和稀释作用，具有较高的电绝缘性能和良好的灭火性能。该系统按启动方式可分为电动启动和传动管启动两种类型；按应用方式可分为固定式水喷雾灭火系统、自动喷水—水喷雾混合配置系统、泡沫—水喷雾联用系统三种类型。

（2）细水雾灭火系统

细水雾灭火系统是由供水装置、过滤装置、控制阀、细水雾喷头等组件和供水管道组成，能自动和人工启动并喷放细水雾进行灭火或控火的固定灭火系统。该系统的灭火机理主要是表面冷却、窒息、辐射热阻隔和浸湿以及乳化作用，在灭火过程中，几种作用往往同时发生，从而有效灭火。系统按工作压力可分为低压系统、中压系统和高压系统；按应用方式可分为全淹没系统和局部应用系统；按动作方式可分为开式系统和闭式系统；按雾化介质可分为单流体系统和双流体系统；按供水方式可分为泵组式系统、瓶组式系统、瓶组与泵组结合式系统。

（3）水蒸气灭火系统

水蒸气是水在温度超过 100 ℃时蒸发而形成的一种不燃、无毒的惰性气体，由于它能冲淡燃烧区的可燃气体、蒸气，并能隔绝燃烧区内的空气，因而具有良好的灭火作用，所以水蒸气是一种较好的灭火剂。蒸汽扑灭高温设备火灾，不会引起设备热胀冷缩的应力而破坏高温设备（水不能扑灭高温设备，因为水对高温设备的骤冷会引起设备的损坏）。蒸汽灭火系统构造简单，取用方便，因此，在炼油厂、石油化工厂、火力发电厂、燃油锅炉房、油泵房、重油罐区、露天生产装置区和重质油晶库房以及有蒸汽源的燃油锅炉房、汽轮发电机房等场所得到了广泛的使用。但对挥发性大、闪点低的易燃液体不宜用蒸汽扑灭。

蒸汽灭火系统按用途和安装方式分为全充满固定灭火系统和局部应用式半固定灭火系统两类。

可用以防止泄漏出来的气态烃发生火灾和及时扑灭设备的泄漏火灾,并可阻止火势扩大和火灾蔓延。

2. 泡沫灭火系统

泡沫灭火系统由消防泵、泡沫贮罐、比例混合器、泡沫产生装置、阀门及管道、电气控制装置组成。泡沫灭火系统按泡沫液的发泡倍数的不同分为低倍数泡沫灭火系统、中倍数泡沫灭火系统及高倍泡沫灭火系统;按设备安装使用方式可分为固定式泡沫灭火系统、半固定式泡沫灭火系统和移动式泡沫灭火系统。

3. 气体灭火系统

气体灭火系统是指平时灭火剂以液体、液化气体或气体状态存贮于压力容器内,灭火时以气体(包括蒸汽、气雾)状态喷射灭火介质的灭火系统。该系统能在防护区空间内形成方向均一的气体浓度,而且至少能保持该灭火浓度达到规范规定的浸渍时间,实现扑灭该防护区的空间、立体火灾。气体灭火系统按灭火系统的结构特点可分为管网灭火系统和无管网灭火装置;按防护区的特征和灭火方式可分为全淹没灭火系统和局部应用灭火系统;按一套灭火剂贮存装置保护的防护区的多少可分为单元独立系统和组合分配系统。

4. 干粉灭火系统

干粉灭火系统由启动装置、氮气瓶组、减压阀、干粉罐、干粉喷头、干粉枪、干粉炮、电控柜、阀门和管系等零部件组成,一般为火灾自动探测系统与干粉灭火系统联动。系统利用氮气瓶组内的高压氮气经减压阀减压后,使氮气进入干粉罐,其中一部分被送到罐的底部,起到松散干粉灭火剂的作用。随着罐内压力的升高,使部分干粉灭火剂随氮气进入出粉管被送到干粉固定喷嘴或干粉枪、干粉炮的出口阀门处,当干粉固定喷嘴或干粉枪、干粉炮的出口阀门处的压力到达一定值后,打开阀门(或者定压爆破膜片自动爆破),将压力能迅速转化为速度能,这样高速的气粉流便从固定喷嘴(或干粉枪、干粉炮的喷嘴)中喷出,射向火源,切割火焰,破坏燃烧链,起到迅速扑灭或抑制火灾的作用。

3 建筑消防基础知识及技术措施

3.1 建筑及其分类

1. 建筑的概念

建筑一词,既表示建筑工程的建筑活动,同时又表示这种活动的成果——建筑物。建筑也是一个通称,通常我们将供人们生活、学习、工作、居住以及从事生产和各种文化、社会活动的房屋称为建筑物,如住宅、学校、影剧院等;而人们不在其中生产、生活的建筑,则叫做"构筑物",如水塔、烟囱、堤坝等。

2. 建筑的分类

建筑根据不同的分类标准有不同的分类形式。

1) 按使用性质分类

建筑物按照使用性质分为民用建筑、工业建筑和农业建筑。

(1) 民用建筑

按使用功能和建筑高度,民用建筑的分类见表 3.1 。

表 3.1 民用建筑的分类

名称	高层民用建筑		单、多层民用建筑
	一 类	二 类	
住宅建筑	建筑高度大于 54 m 的住宅建筑(包括设置商业服务网点的住宅建筑)	建筑高度大于 27 m,但不大于 54 m 的住宅建筑(包括设置商业服务网点的住宅建筑)	建筑高度不大于 27 m 的住宅建筑(包括设置商业服务网点的住宅建筑)
公共建筑	1. 建筑高度大于 50 m 的公共建筑; 2. 任一楼层建筑面积大于 1 000 m² 的商店、展览、电信、邮政、财贸金融建筑和其他多种功能组合的建筑; 3. 医疗建筑、重要公共建筑; 4. 省级及以上的广播电视和防灾指挥调度建筑、网局级和省级电力调度; 5. 藏书超过 100 万册的图书馆、书库	除住宅建筑和一类高层公共建筑外的其他高层民用建筑	1. 建筑高度大于 24 m 的单层公共建筑; 2. 建筑高度不大于 24 m 的其他民用建筑

注:表中未列入的建筑,其类别应根据本表类比确定。

表 3.1 中,住宅建筑是指供单身或家庭成员短期或长期居住使用的建筑。公共建筑指供人们进行各种公共活动的建筑,包括教育、办公、科研、文化、商业、服务、体育、医疗、交通、纪念、园林、综合类建筑等。

（2）工业建筑

指工业生产性建筑,如主要生产厂房、辅助生产厂房等。工业建筑按照使用性质的不同,分为加工、生产类厂房和仓储类库房两大类,厂房和仓库又按其生产或储存物质的性质进行分类。

（3）农业建筑

指农副产业生产建筑,主要有暖棚、牲畜饲养场、蚕房、烤烟房、粮仓等。

2）按建筑结构分类

按其结构形式和建造材料构成可分为木结构、砖木结构、砖与钢筋混凝土混合结构（砖混结构）、钢筋混凝土结构、钢结构、钢与钢筋混凝土混合结构（钢混结构）等。

（1）木结构。主要承重构件是木材。

（2）砖木结构。主要承重构件用砖石和木材做成。如砖（石）砌墙体、木楼板、木屋盖的建筑。

（3）砖混结构。竖向承重构件采用砖墙或砖柱,水平承重构件采用钢筋混凝土楼板、屋面板。

（4）钢筋混凝土结构。钢筋混凝土做柱、梁、楼板及屋顶等建筑的主要承重构件,砖或其他轻质材料做墙体等围护构件。如装配式大板、大模板、滑模等工业化方法建造的建筑,钢筋混凝土的高层、大跨、大空间结构的建筑。

（5）钢结构。主要承重构件全部采用钢材。如全部用钢柱、钢屋架建造的厂房。

（6）钢混结构。屋顶采用钢结构,其他主要承重构件采用钢筋混凝土结构。如钢筋混凝土梁、柱、钢屋架组成的骨架结构厂房。

（7）其他结构。如生土建筑、塑料建筑、充气塑料建筑等。

3）按建筑高度分类

（1）单层、多层建筑。27 m 以下的住宅建筑、建筑高度不超过 24 m（或已超过 24 m 但为单层）的公共建筑和工业建筑。

（2）高层建筑。建筑高度大于 27 m 的住宅建筑和其他建筑高度大于 24 m 的非单层建筑。

我国对建筑高度超过 100 m 的高层建筑,称超高层建筑。

3.2　建筑耐火等级要求

耐火等级是衡量建筑物耐火程度的分级标准。对于不同类型、性质的建筑物提出不同的耐火等级要求,可做到既有利于消防安全,又有利于节约基本建设投资。在防火设计中,建筑构件的耐火极限是衡量建筑物的耐火等级的主要指标。建筑耐火等级是由组成建筑物的墙、柱、楼板、屋顶承重构件和吊顶等主要构件的燃烧性能和耐火极限决定的。耐火等级分为一、二、三、四级。

由于各类建筑使用性质、重要程度、规模大小、层数高低和火灾危险性存在差异,所以要求的耐火程度有所不同。

3.2.1 厂房和仓库的耐火等级

厂房、仓库主要指除炸药厂(库)、花炮厂(库)、炼油厂外的厂房及仓库。厂房和仓库的耐火等级分一、二、三、四级,相应建筑构件的燃烧性能和耐火极限,见表3.2。

表 3.2 不同耐火等级厂房和仓库建筑构件的燃烧性能和耐火极限(h)

构件名称		耐火等级			
		一级	二级	三级	四级
墙	防火墙	不燃性 3.00	不燃性 3.00	不燃性 3.00	不燃性 3.00
	承重墙	不燃性 3.00	不燃性 2.50	不燃性 2.00	难燃性 0.50
	楼梯间、前室的墙, 电梯井的墙	不燃性 2.00	不燃性 2.00	不燃性 1.50	难燃性 0.50
	疏散走道两侧的隔墙	不燃性 1.00	不燃性 1.00	不燃性 0.50	难燃性 0.25
	非承重外墙 房间隔墙	不燃性 0.75	不燃性 0.50	难燃性 0.50	难燃性 0.25
柱		不燃性 3.00	不燃性 2.50	不燃性 2.00	难燃性 0.50
梁		不燃性 2.00	不燃性 1.50	不燃性 1.00	难燃性 0.50
楼板		不燃性 1.50	不燃性 1.00	不燃性 0.75	难燃性 0.50
屋顶承重构件		不燃性 1.50	不燃性 1.00	难燃性 0.50	可燃性
疏散楼梯		不燃性 1.50	不燃性 1.00	不燃性 0.75	可燃性
吊顶(包括吊顶搁栅)		不燃性 0.25	难燃性 0.25	难燃性 0.15	可燃性

注:二级耐火等级建筑采用不燃烧材料的吊顶,其耐火极限不限。

厂房、仓库的耐火等级、建筑面积、层数等与其生产或储存的类型有着密不可分的关系。对于甲、乙类生产或储存的厂房或仓库，由于其生产或储存的物品危险性大，因此这类生产场所或仓库不应设置在地下或半地下，而且对这类场所的防火安全性能的要求也较之其他类型的生产和仓储要高，在设计、使用时都应特别加以注意。

3.2.2　民用建筑的耐火等级

1. 民用建筑构件的燃烧性能和耐火极限规定

民用建筑的耐火等级也分为一、二、三、四级。除另有规定外，不同耐火等级建筑相应构件的燃烧性能和耐火极限不应低于表3.3中的规定。

表3.3　不同耐火等级建筑相应构件的燃烧性能和耐火极限(h)

<table>
<tr><th colspan="2" rowspan="2">构件名称</th><th colspan="4">耐 火 等 级</th></tr>
<tr><th>一级</th><th>二级</th><th>三级</th><th>四级</th></tr>
<tr><td rowspan="6">墙</td><td>防火墙</td><td>不燃性
3.00</td><td>不燃性
3.00</td><td>不燃性
3.00</td><td>不燃性
3.00</td></tr>
<tr><td>承重墙</td><td>不燃性
3.00</td><td>不燃性
2.50</td><td>不燃性
2.00</td><td>难燃性
0.50</td></tr>
<tr><td>非承重外墙</td><td>不燃性
1.00</td><td>不燃性
1.00</td><td>不燃性
0.50</td><td>可燃性</td></tr>
<tr><td>楼梯间、前室的墙,电梯井的墙,住宅建筑
单元之间的墙和分户墙</td><td>不燃性
2.00</td><td>不燃性
2.00</td><td>不燃性
1.50</td><td>难燃性
0.50</td></tr>
<tr><td>疏散走道两侧的隔墙</td><td>不燃性
1.00</td><td>不燃性
1.00</td><td>不燃性
0.50</td><td>难燃性
0.25</td></tr>
<tr><td>房间隔墙</td><td>不燃性
0.75</td><td>不燃性
0.50</td><td>难燃性
0.50</td><td>难燃性
0.25</td></tr>
<tr><td colspan="2">柱</td><td>不燃性
3.00</td><td>不燃性
2.50</td><td>不燃性
2.00</td><td>难燃性
0.50</td></tr>
<tr><td colspan="2">梁</td><td>不燃性
2.00</td><td>不燃性
1.50</td><td>不燃性
1.00</td><td>难燃性
0.50</td></tr>
<tr><td colspan="2">楼板</td><td>不燃性
1.50</td><td>不燃性
1.00</td><td>不燃性
0.50</td><td>可燃性</td></tr>
<tr><td colspan="2">屋顶承重构件</td><td>不燃性
1.50</td><td>不燃性
1.00</td><td>可燃性
0.50</td><td>可燃性</td></tr>
<tr><td colspan="2">疏散楼梯</td><td>不燃性
1.50</td><td>不燃性
1.00</td><td>不燃性
0.50</td><td>可燃性</td></tr>
<tr><td colspan="2">吊顶(包括吊顶搁栅)</td><td>不燃性
0.25</td><td>难燃性
0.25</td><td>难燃性
0.15</td><td>可燃性</td></tr>
</table>

注:1. 除另有规定外,以木柱承重且墙体采用不燃材料的建筑,其耐火等级应按四级确定。

2. 住宅建筑构件的耐火极限和燃烧性能可按现行国家标准《住宅建筑规范》GB 50368 的规定执行。

2. 民用建筑耐火等级的规定

(1)民用建筑的耐火等级应根据其建筑高度、使用功能、重要性和火灾扑救难度等确定,并应符合下列规定:

①地下或半地下建筑(室)和一类高层建筑的耐火等级不应低于一级;

②单、多层重要公共建筑和二类高层建筑的耐火等级不应低于二级。

(2)建筑高度大于100 m的民用建筑,其楼板的耐火极限不应低于2.00 h。一、二级耐火等级建筑的上人平屋顶,其屋面板的耐火极限分别不应低于1.50 h 和1.00 h。

(3)一、二级耐火等级建筑的屋面板应采用不燃材料,但屋面防水层可采用可燃材料。

(4)二级耐火等级建筑内采用难燃性墙体的房间隔墙,其耐火极限不应低于0.75 h;当房间的建筑面积不大于100 m² 时,房间的隔墙可采用耐火极限不低于0.50 h 的难燃性墙体或耐火极限不低于0.30 h 的不燃性墙体。二级耐火等级多层住宅建筑内采用预应力钢筋混凝土的楼板,其耐火极限不应低于0.75 h。

(5)二级耐火等级建筑内采用不燃材料的吊顶,其耐火极限不限。三级耐火等级的医疗建筑、中小学校的教学建筑、老年人建筑及托儿所、幼儿园的儿童用房和儿童游乐厅等儿童活动场所的吊顶,应采用不燃材料;当采用难燃材料时,其耐火极限不应低于0.25 h。二、三级耐火等级建筑中门厅、走道的吊顶应采用不燃材料。

(6)建筑内预制钢筋混凝土构件的节点外露部位,应采取防火保护措施,且节点的耐火极限不应低于相应构件的耐火极限。

3.3 火灾及其分类

1. 火灾的概念

火灾是在时间和空间上失去控制的燃烧所造成的灾害。火灾具有失控性、燃烧性和灾害性三个特征。

2. 火灾的分类

根据不同的标准,火灾可以有不同的分类形式。

1)按照燃烧对象的性质分类

按照国家标准《火灾分类》GB/T 4968—2008 的规定,火灾分为 A、B、C、D、E、F 六类。

A 类火灾:固体物质火灾。这种物质通常具有有机物性质,一般在燃烧时能产生灼热的余烬。如木材、棉、毛、麻、纸张火灾等。

B 类火灾:液体或可熔化固体物质火灾。如汽油、煤油、原油、甲醇、乙醇、沥青、石蜡火灾等。

C 类火灾:气体火灾。如煤气、天然气、甲烷、乙烷、氢气、乙炔等。

D 类火灾:金属火灾。如钾、钠、镁、钛、锆、锂等。

E 类火灾:带电火灾。物体带电燃烧的火灾。如变压器等设备的电气火灾等。

F 类火灾:烹饪器具内的烹饪物(如动植物油脂)火灾。

2)按照火灾事故所造成的灾害损失程度分类

依据国务院 2007 年 4 月 6 日颁布的《生产安全事故报告和调查处理条例》(国务院令 493 号)中规定的生产安全事故等级标准,消防部门将火灾分为特别重大火灾、重大火灾、较大火灾和一般火灾四个等级。

①特别重大火灾:是指造成 30 人以上死亡,或者 100 人以上重伤,或者 1 亿元以上直接财产损失的火灾;

②重大火灾:是指造成 10 人以上 30 人以下死亡,或者 50 人以上 100 人以下重伤,或者 5 000 万元以上 1 亿元以下直接财产损失的火灾;

③较大火灾:是指造成 3 人以上 10 人以下死亡,或者 10 人以上 50 人以下重伤,或者 1 000 万元以上 5 000 万元以下直接财产损失的火灾;

④一般火灾:是指造成 3 人以下死亡,或者 10 人以下重伤,或者 1 000 万元以下直接财产损失的火灾。

注:"以上"包括本数,"以下"不包括本数。

3.4 建筑火灾传播的机理及途径

3.4.1 建筑火灾发展的三个阶段

对于建筑火灾而言,也会有发生、发展和消亡三个阶段,即初期增长阶段,充分发展阶段和衰减阶段。

图 3.1 为建筑室内火灾温度—时间曲线。

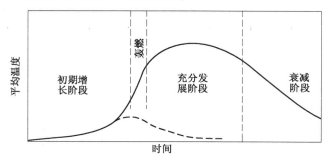

图 3.1 建筑室内火灾温度—时间曲线

1. 初期增长阶段

室内火灾发生后,最初只局限于着火点处的可燃物燃烧。局部燃烧形成后,可能会出现以下三种情况:一是以最初着火的可燃物燃尽而终止;二是因通风不足,火灾可能自行熄灭,或受到较弱供氧条件的支持,以缓慢的速度维持燃烧;三是有足够的可燃物,且有良好的通风条件,火灾迅速发展至整个房间。

这一阶段着火点处局部温度较高,燃烧的面积不大,室内各点的温度不平衡。由于可燃物性能、分布和通风、散热等条件的影响,燃烧的发展大多比较缓慢,有可能形成火灾,也有可能中途自行熄灭,燃烧发展不稳定。火灾初起阶段持续时间的长短不定。

2. 充分发展阶段

在建筑室内火灾持续燃烧一定时间后,燃烧范围不断扩大,温度升高,室内的可燃物在高温的作用下,不断分解释放出可燃气体,当房间内温度达到 $400 \sim 600$ ℃时,室内绝大部分可燃物起火燃烧,这种在一限定空间内可燃物的表面全部卷入燃烧的瞬变状态,称为轰燃。轰燃的出现是燃烧释放的热量在室内逐渐累积与对外散热共同作用、燃烧速率急剧增大的结果。通常,轰燃的发生标志着室内火灾进入全面发展阶段。

轰燃发生后,室内可燃物出现全面燃烧,可燃物热释放速率很大,室温急剧上升,并出现持续高温,温度可达 $800 \sim 1\,000$ ℃。之后,火焰和高温烟气在火风压的作用下,会从房间的门窗、孔洞等处大量涌出,沿走廊、吊顶迅速向水平方向蔓延扩散。同时,由于烟囱效应的作用,火势会通过竖向管井、共享空间等向上蔓延。

3. 衰减阶段

在火灾全面发展阶段的后期,随着室内可燃物数量的减少,火灾燃烧速度减慢,燃烧强度减弱,温度逐渐下降,当降到其最大值的 80% 时,火灾则进入熄灭阶段。随后房间内温度下降显著,直到室内外温度达到平衡为止,火灾完全熄灭。

3.4.2　建筑火灾传播的机理

建筑物内火灾传播,是通过热传播进行的,其形式与起火点、建筑材料、物质的燃烧性能和可燃物的数量等因素有关。在火场上燃烧物质所放出的热能,通常是以传导、辐射和对流三种方式传播,并影响火势蔓延扩大。

1. 热传导

热传导又称导热,属于接触传热,是连续介质就地传递热量而又没有各部分之间相对的宏观位移的一种传热方式。固体、液体和气体物质都有这种传热性能,其中以固体物质为最强,气体物质最弱。由于固体物质的各向异性,其传热的性能也各有不同。对于起火的场所,热导率大的物体,由于能受到高温迅速加热,又会很快地把热能传导出去,在这种情况下,就可能引起没有直接受到火焰作用的可燃物质发生燃烧,利于火势传播和蔓延。

2. 热对流

由于流体之间的宏观位移所产生的运动,叫做对流。通过对流形式来传播热能的,只有气体和液体,分别叫做气体对流和液体对流。

1)气体对流

气体对流对火势发展变化的影响主要是:流动着的热气流能够加热可燃物质,以致达到燃烧程度,使火势蔓延扩大;被加热的气体在上升和扩散的同时,周围的冷空气迅速流入燃烧区助长燃烧;气体对流方向的改变,促使火势蔓延方向也随着发生变化。气体对流的强度,决定于通风孔洞面积的大小、通风孔洞在房间中的位置(高度)以及烟雾与周围空气的温度差等条件。气体对流对露天和室内火灾的火势发展变化都是有影响的。即使是室内起火,气体对流对火势发展变化的影响也是较明显的。

室内发生火灾时,燃烧产物和热气流迅速上升,当其遇到顶棚等障碍物时,就会沿着房间上部向各方向平行流动。这时,在房间上部空间形成了烟层,其厚度逐渐增大。如果房间的墙壁上面有门窗孔洞,燃烧产物和热气流就会向邻近的房间室外扩散。但是,也可能有一部分燃烧产物被外界流入的空气带回室内。燃烧产物的浓度越大,温度越高,流动的速度也就越快。

2)液体对流

液体对流是一部分液体受热以后,因体积增大、相对密度减小而上升,温度较低的部分则由于相对密度较大而下降,就在这种运动的同时进行着热的传播,最后使整个液体被加热。

通过液体对流进行传热,影响火势发展的主要情况是:装在容器中的可燃液体局部受热后,以对流的传热方式使整个液体温度升高,蒸发速度加快,压力增大,以致使容器爆裂,或蒸气逸出,遇着火源而发生燃烧;重质油品燃烧时发生的沸溢或喷溅,同样是由于对流等传热作用所引起的。

3. 热辐射

以电磁波传递热量的现象,叫做热辐射。无论是固体、液体和气体,都能把热量以电磁波(辐射能)的方式辐射出去,也能吸收别的物体辐射出的电磁波而转变成热能。因此,热辐射在热量传递过程中伴有能量形式的转化,即热能—辐射能—热能。电磁波的传递是不需要任何介质的,这是辐射与传导、对流方式传递热量的根本区别。

火场上的火焰、烟雾都能辐射热能,辐射热能的强弱取决于燃烧物质的热值和火焰温度。物质热值越大,火焰温度越高,热辐射也越强。火场上的辐射热随着火灾发展的不同阶段而变化。在火势猛烈发展的阶段,当温度达到最大数值时,辐射热能最强。反之,辐射热能就弱,火势发展则缓慢。辐射热作用于附近的物体上,能否引起可燃物质着火,要看热源的温度、热源的距离和角度。

火场上实际进行的传热过程很少是一种传热方式单独进行,而是由两种或三种方式综合而成,但是必定有一种是主要的。

4. 建筑火灾传播的途径

在火场上,烟雾流动的方向通常是火势传播的一个主要方向。建筑物发生火灾,烟火在建筑内的流动呈现水平流动和垂直流动,且两种流动往往是同时进行的。500 ℃ 以上热烟所到之处,遇到的可燃物都有可能被引燃起火。具体来讲,建筑火灾蔓延的途径主要有:内墙门、洞口,外墙窗口,房间隔墙,空心结构,闷顶,楼梯间,各种竖井管道,楼板上的孔洞及穿越楼板、墙壁的管线和缝隙等。

1)垂直蔓延

建筑物内发生火灾,由于热对流的存在,火灾烟气往往通过门洞等各种开口、孔洞蔓延,导致灾情扩大。当烟火在走廊内流动时,一旦遇到楼梯间、电梯井、竖向管道、厂房内的设备吊装孔等,则会迅速向上蔓延,且在向上蔓延的同时也向上层水平方向蔓延。

在外墙面,高温热烟气流会促使火焰窜出窗口向上层蔓延。一方面,由于火焰与外墙面之间的空气受热逃逸形成负压,周围冷空气的压力致使烟火贴墙面而上,使火蔓延到上一层;另一方面,由于火焰贴附外墙面向上蔓延,致使热量透过墙体引燃起火层上面一层房间内的可燃物。

形成火灾垂直蔓延的主要因素有火风压和烟囱效应。

(1)火风压

火风压是建筑物内发生火灾时,在起火房间内,由于温度上升,气体迅速膨胀,对楼板和四壁形成的压力。火风压的影响主要在起火房间,如果火风压大于进风口的压力,则大量的烟火将通过外墙窗口,由室外向上蔓延;若火风压等于或小于进风口的压力,则烟火便全部从内部蔓延,当它进入楼梯间、电梯井、管道井、电缆井等竖向孔道以后,会大大加强烟囱效应。

(2)烟囱效应

当建筑物内外的温度不同时,室内外空气的密度随之出现差别,这将引发浮力驱动的流动。如果室内空气温度高于室外,则室内空气将发生向上运动,建筑物越高,这种流动越强。竖井是发生这种现象的主要场合,在竖井中,由于浮力作用产生的气体运动十分显著,通常称这种现象为烟囱效应。在火灾过程中,烟囱效应是造成烟气向上蔓延的主要因素。

烟囱效应和火风压不同,它能影响全楼。多数情况下,建筑物内的温度大于室外温度,所以室内气流总的方向是自下而上,即正烟囱效应。起火层的位置越低,影响的层数越多。在正烟囱效应下，若火灾发生在中性面(室内压力等于室外压力的一个理论分界界)以下的楼层，火灾产生的烟气进入竖井后会沿竖井上升，一旦升到中性面以上，烟气不单可由竖井上部的开口流出来，也可进入建筑物上部与竖井相连的楼层；若中性面以上的楼层起火，当火势较弱时，由烟囱效应产生的空气流动可限制烟气流进竖井，如果着火层的燃烧强烈，热烟气的浮力足以克服竖井内的烟囱效应仍可进入竖井而继续向上蔓延。因此，对高层建筑中的楼梯间、电梯井、管道井、天井、电缆井、排气道、中庭等竖向孔道，如果防火处理不当，就形同一座高耸的烟囱，强大的抽拔力将使火沿着竖向孔道迅速蔓延。

2)水平蔓延

对主体为耐火结构的建筑来说，造成水平蔓延的主要途径和原因有：未设适当的水平防火分区，火灾在未受限制的条件下蔓延；洞口处的分隔处理不完善，火灾穿越防火分隔区域蔓延；防火隔墙和房间隔墙未砌至顶板，火灾在吊顶内部空间蔓延；采用可燃构件与装饰物，火灾通过可燃的隔墙、吊顶、地毯等蔓延。

(1)水平蔓延的过程

建筑内起火后，烟火从起火房间的内门窜出，首先进入室内走道，如果与起火房间依次相邻的房间门没有关闭，就会进入这些房间，将室内物品引燃。如果这些房间的门没有开启，则烟火要待房间的门被烧穿以后才能进入。即使在走道和楼梯间没有任何可燃物的情况下，高温热对流仍可从一个房间经过走道传到另一房间，从而逐步实现水平方向火势扩大。

(2)孔洞开口蔓延

在建筑物内部的一些开口处，是水平蔓延的主要途径，如可燃的木质户门、无水幕保护的普通卷帘，未用不燃材料封堵的管道穿孔处等。此外，发生火灾时，一些防火设施未能正常启动，如防火卷帘因卷帘箱开口、导轨等受热变形，或因卷帘下方堆放物品，或因无人操作手动启动装置等导致无法正常放下，同样造成火灾蔓延。

(3)穿越墙壁的管线和缝隙蔓延

室内发生火灾时，室内上半部处于较高压力状态下，该部位穿越墙壁的管线和缝隙很容易把火焰、高温烟气传播出去，造成蔓延。此外，穿过房间的金属管线在火灾高温作用下，往往会通过热传导方式将热量传到相邻房间或区域一侧，使与管线接触的可燃物起火。

(4)闷顶内蔓延

由于烟火是向上升腾的，因此吊顶棚上的入孔、通风口等都是烟火进入的通道。闷顶内往往没有防火分隔墙，空间大，很容易造成火灾水平蔓延，并通过内部孔洞再向四周、下方的房间蔓延。

据实验测量，火灾初起时，烟气在水平方向扩散的速度为 0.3 m/s，燃烧猛烈时，烟气扩散的速度可达 0.5～3.0 m/s;烟气顺楼梯间或其他竖向孔道扩散的速度可达 3.0～4.0 m/s。而人在平地行走的速度约为 1.5～2.0 m/s,上楼梯时的速度约为 0.5 m/s,人上楼的速度大大低于烟气的垂直方向流动速度。因此,当楼房着火时,如果人往楼上跑是有危险的。对着火层以上的被困人员来说,迅速逃生自救尤为重要。

3.5 建筑消防的基本原理

3.5.1 建筑火灾发生的原因及危害

建筑是人们用建筑材料构成的一种供人居住和使用的空间。我国现代建筑从十九世纪中叶以来,经历了从传统的中国旧建筑体系到中西交汇、风格多样的发展历程,并随着历史变迁和时代发展,建筑功能、技术、造型与风格呈现出多元化的状态。在经济社会和城市发展过程中,建筑是一个重要的载体,城市的规模和功能,经济的增长和繁荣,社会的变革和进步,都浓缩在城市建筑的发展变化上。

建筑防火是指在建筑设计和建设过程中采取防火措施,以防止火灾发生和减少火灾对生命财产的危害。通常,建筑防火措施包括被动防火和主动防火两个方面。建筑被动防火措施主要是指建筑防火间距、建筑耐火等级、建筑防火构造、建筑防火分区分隔、建筑安全疏散设施等;建筑主动防火措施主要是指火灾自动报警系统、自动灭火系统、防烟排烟系统等。

1. 建筑火灾的原因

从我国多年来发生火灾的情况来看,随着经济建设的发展,城镇数量和规模的扩大,人民物质文化生活水平的提高,在生产和生活中用火、用电、用易燃物、可燃物以及采用具有火灾危险性的设备、工艺逐渐增多,因而发生火灾的危险性也相应地增大,火灾发生的次数以及造成的财产损失、人员伤亡呈现上升的趋势。

建筑起火的原因归纳起来主要有电气火灾、生产作业类火灾、生活用火不慎、吸烟、玩火、放火和自燃、雷击、静电等其他原因引起火灾等。分析建筑起火的原因是为了在建筑防火设计时,更有效、有针对性地采取消防技术措施,防止火灾发生和减少火灾的危害。

2. 建筑火灾的危害

建筑在为人们的生产、生活和工作、学习创造良好环境的同时,也潜伏着各种火灾隐患,稍有不慎,就可能引发火灾,给城镇建设和群众生活带来极大的不幸和灾难。根据近年来的统计,高层、多层、单层以及地下等建筑火灾次数占火灾总数的70%以上,造成的人员死亡和直接财产损失分别占火灾死亡总人数和直接财产总损失的80% 和85%以上。建筑火灾具有空间上的广泛性、时间上的突发性、成因上的复杂性、防治上的局限性等特点,其发生也是在人类生产、生活活动中,由自然因素、人为因素、社会因素的综合效应作用而造成的非纯自然的灾害事故。建筑火灾的危害性主要表现在危害人员生命、造成经济损失、破坏文明成果、影响社会稳定等。

3.5.2 建筑防火的原理和技术方法

建筑防火原理是根据社会群体行为的规律和后果,采取相应的技术手段,实现控制建筑火灾发生,避免和减少火灾对人的生命以及财产造成危害的目的,满足人们对建筑消防安全的需要。具体地说,就是根据建筑工程的建设目标,遵循火灾发生和社会经济发展的客观规律,运用工程技术和经济方法,依据国家和地方的消防技术标准、规范和其他有关标准、规范,针对建筑的使用性质和火灾防控特点,从消防安全角度进行综合、系统的设计。建筑防火的技术方法主要有:

1. 总平面布置

建筑的总平面布置要满足城市规划和消防安全的要求。一是要根据建筑物的使用性质、生产经营规模、建筑高度、建筑体积及火灾危险性等,从周围环境、地势条件、主导风向等方面综合考虑,合理选择建筑物位置。二是要根据实际需要,合理划分生产区、储存区(包括露天存储区)、生产辅助设施区、行政办公和生活福利区等。同一企业内,若有不同火灾危险的生产建筑,则应尽量将火灾危险性相同的或相近的建筑集中布置,以利采取防火防爆措施,便于安全管理。三是为防止火灾因传导热、对流热、辐射热影响而导致火势向相邻建筑或同一建筑的其他空间蔓延扩大,并为火灾扑救创造有利条件,在总平面布置中,应合理确定各类建(构)筑物、堆场、贮罐、电力设施及电力线路之间的防火安全距离。四是要根据各建筑物的使用性质、规模、火灾危险性,考虑扑救火灾时所必需的消防车通道、消防水源和消防扑救面。

2. 建筑结构防火

建筑结构的安全是整个建筑的生命线,也是建筑防火的基础。建筑物的耐火等级是研究建筑防火措施、规定不同用途建筑物需采取相应防火措施的基本依据。在建筑防火设计中,正确选择和确定建筑的耐火等级,是防止建筑火灾发生和阻止火势蔓延扩大的一项治本措施。对于建筑物应选择哪一级耐火等级,应根据建筑物的使用性质和规模及其在使用中的火灾危险性来确定,如性质重要、规模较大、存放贵重物资,或大型公共建筑,或工作使用环境有较大火灾危险性的,应采用较高的耐火等级,反之,可选择较低的耐火等级。当遇到某些建筑构件的耐火极限和燃烧性能达不到规范的要求时,可采取适当的方法加以解决。常用的方法主要有:适当增加构件的截面积;对钢筋混凝土构件增加保护层厚度;在构件表面涂覆防火涂料做耐火保护层;对钢梁、钢屋架及木结构做耐火吊顶和防火保护层包敷等。

3. 建筑材料防火

建筑材料中不少是可以燃烧的,特别是大多数天然高分子材料和合成高分子材料都具有可燃性,而且这些建筑材料在燃烧后往往产生大量的烟雾和有毒气体,给火灾扑救和人员疏散造成严重威胁。为了预防火灾的发生,或阻止、延缓火灾的发展,最大限度地减轻火灾危害,必须对可燃建筑材料的使用及其燃烧性能进行有效的控制。建筑材料防火就是根据国家的消防技术标准、规范,针对建筑的使用性质和不同部位,合理地选用建筑的防火材料,从而保护火灾中的受困人员免受或少受高温有毒烟气侵害,争取更多可用于疏散时间的重要措施。建筑材料防火应当遵循的原则主要是:控制建筑材料中可燃物数量,受条件限制或装修特殊要求,必须使用可燃材料的,应当对材料进行阻燃处理;与电气线路或发热物体接触的材料应采用不燃材料或进行阻燃处理;楼梯间、管道井等竖向通道和供人员的走道内应当采用不燃材料。

4. 防火分区分隔

如果建筑内空间面积过大,火灾时则燃烧面积大、蔓延扩展快,因此在建筑内实行防火分区和防火分隔,可有效地控制火势的蔓延,既利于人员疏散和扑火救灾,也能达到减少火灾损失的目的。防火分区包括水平防火分区和竖向防火分区。水平防火分区是指在同一水平面内,利用防火隔墙、防火卷帘、防火门及防火水幕等分隔物,将建筑平面分为若干个防火分区、防火单元;竖向防火分区指上、下层分别用耐火的楼板等构件进行分隔,对建筑外部采用防火挑檐、设置窗槛(间)墙等技术手段,对建筑内部设置的敞开楼梯、自动扶梯、中庭以及管道井等采取防火分隔措施等。

防火分区的划分应根据建筑的使用性质、火灾危险性以及建筑的耐火等级、建筑内容纳人员和可燃物的数量、消防扑救能力和消防设施配置、人员疏散难易程度及建设投资等情况综合考虑。

5. 安全疏散

人身安全是消防安全的重中之重,以人为本的消防工作理念必须始终贯穿于整个消防工作,从特定的角度上说,安全疏散是建筑防火最根本、最关键的技术,也是建筑消防安全的核心内容。保证建筑内的人员在火灾情况下的安全是一个涉及建筑结构、火灾发展过程、建筑消防设施配置和人员行为等多种基本因素的复杂问题。安全疏散的目标就是要保证建筑内人员疏散完毕的时间必须小于火灾发展到危险状态的时间。

建筑安全疏散技术的重点是:安全出口、疏散出口以及安全疏散通道的数量、宽度、位置和疏散距离。基本要求是:每个防火分区必须设有至少两个安全出口;疏散路线必须满足室内最远点到房门,房门到最近安全出口或楼梯间的行走距离限值;疏散方向应尽量为双向疏散,疏散出口应分散布置,减少袋形走道的设置;选用合适的疏散楼梯形式,楼梯间应为安全的区域,不受烟火的侵袭,楼梯间入口应设置可自行关闭的防火门保护;通向地下室的楼梯间不得与地上楼梯相连,如必须相连时应采用防火墙分隔,通过防火门出入;疏散宽度应保证不出现拥堵现象,并采取有效措施,在清晰的空间高度内为人员疏散提供引导。

6. 防烟排烟

烟气是导致建筑火灾人员伤亡的最主要原因,如何有效地控制火灾时烟气的流动,对保证人员安全疏散以及灭火救援行动的展开起着重要作用。火灾时,如能合理地排烟排热,对防止建筑物火灾的轰燃、保护建筑也是十分有效的一种技术措施。

烟气控制的方法包括合理划分防烟分区和选择合适的防烟、排烟方式。划分防烟分区是为了在火灾初期阶段将烟气控制在一定范围内,以便有组织地将烟气排出室外,使人员疏散、避难空间的烟气层高度和烟气浓度处在安全允许值之内。防排烟系统可分为排烟系统和防烟系统。排烟系统是指采用机械排烟方式或自然通风方式,将烟气排至建筑外,控制建筑内的有烟区域保持一定能见度的系统。防烟系统是指采用机械加压送风方式或自然通风方式,防止烟气进入疏散通道、防烟楼梯间及其前室或消防电梯前室的系统。防烟、排烟是烟气控制的两个方面,是一个有机的整体,在建筑防火设计中,应合理设计防烟、排烟系统。

7. 建筑防爆和电气防火

生产、使用、储存易燃易爆物质的厂(库)房,当爆炸性混合物达到爆炸浓度时,遇到火源就能爆炸。爆炸能够在瞬间释放出巨大的能量,产生高温高压的气体,使周围空气强烈震荡,在离爆炸中心一定范围内,建筑或人会受到冲击波的影响而遇到破坏或造成伤害。因此,在进行建筑防火设计时,应根据爆炸规律与爆炸效应,对有爆炸可能的建筑提出相应的防止爆炸危险区域、合理设计防爆结构和泄爆面积、准确选用防爆设备。

电气火灾在整个建筑火灾中占有三分之一的比重,主要有用电超负荷、电器设备选择和安装不合理、电气线路敷设不规范等原因。为有效防止电气火灾事故发生,同时为保证建筑内消防设施正常供电运行,对建筑的用电负荷、供配电源、电器设备、电气线路及其安装敷设等应当采取安全可靠、经济合理的防火技术措施。

3.6 建筑平面布置

1. 布置原则

一个建筑在建设时,除了要考虑城市的规划和在城市中的设置位置外,单体建筑内,在考虑满足功能需求的划分外,还应根据某些重点部位的火灾危险性、使用性质、人员密集场所人员快捷疏散和消防成功扑救等因素,对建筑物内部空间进行合理布置,以防止火灾和烟气在建筑内部蔓延扩大,确保火灾时的人员生命安全,减少财产损失。

布置原则如下:

(1)建筑内部某部位着火时,能限制火灾和烟气在(或通过)建筑内部和外部的蔓延,并为人员疏散、消防人员的救援和灭火提供保护。

（2）建筑物内部某处发生火灾时,减少对邻近(上下层、水平相邻空间)分隔区域受到强辐射热和烟气的影响。

（3）消防人员能方便进行救援、利用灭火设施进行作战活动。

（4）有火灾或爆炸危险的建筑设备设置部位,能防止对人员和贵重设备造成影响或危害。或采取措施防止发生火灾或爆炸,及时控制灾害的蔓延扩大。

2. 设备用房布置

由于建筑规模的扩大、用电负荷的增加和集中供热的需要,建筑所需锅炉的蒸发量和变配电设备越来越大,但锅炉和变压器等在运行中又存在较大的危险,发生事故后的危害也较大,特别是燃油、燃气锅炉,容易发生燃烧爆炸事故。可燃油油浸电力变压器发生故障产生电弧时,将使变压器内的绝缘油迅速发生热分解,析出氢气、甲烷、乙炔等可燃气体,压力骤增,造成外壳爆裂而大面积喷油,或者析出的可燃气体与空气形成爆炸性混合物,在电弧或火花的作用下极易引起燃烧和爆炸。变压器爆炸后,火灾将随高温变压器油的流淌而蔓延,造成更大的火灾。

1）锅炉房、变压器室布置

燃煤、燃油或燃气锅炉、油浸电力变压器、充有可燃油的高压电容器和多油开关等用房宜独立建造。当确有困难时可贴邻民用建筑布置,但应采用防火墙隔开,且不应贴邻人员密集场所。燃油或燃气锅炉、油浸电力变压器、充有可燃油的高压电容器和多油开关等用房受条件限制必须布置在民用建筑内时,不应布置在人员密集场所的上一层、下一层或贴邻,并应符合下列规定:

（1）燃油和燃气锅炉房、变压器室应设置在首层或地下一层靠外墙部位,但常(负)压燃油、燃气锅炉可设置在地下二层,当常(负)压燃气锅炉距安全出口的距离大于 6 m 时,可设置在屋顶上。燃油锅炉应采用丙类液体作燃料。采用相对密度(与空气密度的比值)大于等于 0.75 的可燃气体为燃料的锅炉,不得设置在地下或半地下建筑(室)内。

（2）锅炉房、变压器室的门均应直通室外或直通安全出口;外墙开口部位的上方应设置宽度不小于 1 m 的不燃烧体防火挑檐或高度不小于 1.2 m 的窗槛墙。

（3）锅炉房、变压器室与其他部位之间应采用耐火极限不低于 2.00 h 的不燃烧体隔墙和 1.50 h 的不燃烧体楼板隔开。在隔墙和楼板上不应开设洞口,当必须在隔墙上开设门窗时,应设置甲级防火门窗。

（4）当锅炉房内设置储油间时,其总储存量不应大于 1 m³,且储油间应采用防火墙与锅炉间隔开,当必须在防火墙上开门时,应设置甲级防火门。

（5）变压器室之间、变压器室与配电室之间,应采用耐火极限不低于 2.00 h 的不燃烧体墙隔开。

（6）油浸电力变压器、多油开关室、高压电容器室，应设置防止油品流散的设施。油浸电力变压器下面应设置储存变压器全部油量的事故储油设施。

（7）锅炉的容量应符合现行国家标准《锅炉房设计规范》GB 50041 的有关规定。油浸电力变压器的总容量不应大于 1 260 kV·A，单台容量不应大于 630 kV·A。

（8）应设置火灾报警装置。

（9）应设置与锅炉、油浸变压器容量和建筑规模相适应的灭火设施。

（10）燃气锅炉房应设置防爆泄压设施，燃气、燃油锅炉房应设置独立的通风系统，并应符合《建筑设计防火规范》关于对燃油、燃气锅炉房通风要求的有关规定。

2）柴油发电机房布置

柴油发电机房布置在民用建筑内时应符合下列规定：

（1）宜布置在建筑物的首层及地下一、二层，不应布置在地下三层及以下，柴油发电机应采用丙类柴油作燃料。

（2）应采用耐火极限不低于 2.00 h 的不燃烧体隔墙和 1.50 h 的不燃烧体楼板与其他部位隔开，门应采用甲级防火门。

（3）机房内应设置储油间，其总储存量不应大于 8 h 的需要量，且储油间应采用防火墙与发电机间隔开；当必须在防火墙上开门时，应设置甲级防火门。

（4）应设置火灾报警装置。

（5）应设置与柴油发电机容量和建筑规模相适应的灭火设施。

3）消防控制室布置

消防控制室是建筑物内防火、灭火设施的显示控制中心，是扑救火灾的指挥中心，是保障建筑物安全的要害部位之一，应设在交通方便和发生火灾后不易燃烧的部位。其设置应符合下列规定：

（1）单独建造的消防控制室，其耐火等级不应低于二级。

（2）附设在建筑物内的消防控制室，宜设置在建筑物内首层的靠外墙部位，亦可设置在建筑物的地下一层，应采用耐火极限不低于 2.00 h 的隔墙和 1.50 h 的楼板与其他部位隔开，并应设置直通室外的安全出口。

（3）严禁与消防控制室无关的电气线路和管路穿过。

（4）不应设置在电磁场干扰较强及其他可能影响消防控制设备工作的设备用房附近。

4）消防设备用房布置

附设在建筑物内的消防设备用房，如固定灭火系统的设备室、消防水泵房和通风空气调节机房、防排烟机房等，应采用耐火极限不低于 2.00 h 的隔墙和 1.50 h 的楼板与其他部位隔开。独立建造的消防水泵房，其耐火等级不应低于二级，附设在建筑内的消防水泵房，不应设置在地下三层及以下或地下室内地面与室外出入口地坪高差大于

10 m 的楼层,消防水泵房设置在首层时,其疏散门宜直通室外,设置在地下层或楼层上时,其疏散门应靠近安全出口。消防水泵房的门应采用甲级防火门;电梯机房应与普通电梯机房之间采用耐火极限不低于 2.00 h 的隔墙分开,如开门,应设甲级防火门。

3. 人员密集场所布置

1)观众厅、会议厅、多功能厅

高层建筑内的观众厅、会议厅、多功能厅等人员密集场所,应设在首层或二、三层;当必须设在其他楼层时,应符合下列规定:

(1)一个厅、室的建筑面积不宜超过 400 m^2。

(2)一个厅、室的安全出口不应少于两个。

(3)必须设置火灾自动报警系统和自动喷水灭火系统。

(4)幕布和窗帘应采用经阻燃处理的织物。

2)歌舞娱乐放映游艺场所

歌舞厅、卡拉 OK 厅(含具有卡拉 OK 功能的餐厅)、夜总会、录像厅、放映厅、桑拿浴室(除洗浴部分外)、游艺厅(含电子游艺厅)、网吧等歌舞娱乐放映游艺场所(以下简称歌舞娱乐放映游艺场所),应布置在建筑的首层或二、三层,宜靠外墙设置,不应布置在袋形走道的两侧和尽端,面积按厅室建筑面积计算,这里的"一个厅、室"是指歌舞娱乐放映游艺场所中一个相互分隔的独立单元。并应采用耐火极限不低于 2.00 h 的隔墙和 1.00 h 的楼板与其他场所隔开,当墙上必须开门时应设置不低于乙级的防火门。当必须设置在其他楼层时,应符合下列规定:

(1)不应设置在地下二层及二层以下,设置在地下一层时,地下一层地面与室外出入口地坪的高差不应大于 10 m。

(2)一个厅、室的建筑面积不应超过 200 m^2。

(3)一个厅、室的出口不应少于两个,当一个厅、室的建筑面积小于 50 m^2,可设置一个出口。

(4)应设置火灾自动报警系统和自动喷水灭火系统及防烟、排烟设施等。

3)电影院、剧场、礼堂

(1)电影院、剧场等不宜设置在住宅楼、仓库、古建筑内。

(2)一、二级耐火等级的建筑内设置的电影院,即设在商场、市场、购物广场等建筑内,利用这些建筑中的餐饮、购物、休闲等设施相互促进,从而使双方获得好的经济效益。但是,由于影院与商场的作息时间不同,因此,特别规定,综合建筑内设置的电影院应设置在独立的竖向交通附近,并应有人员集散空间,应有单独出入口通向室外,同时应设置明显标志。目前这种形式的电影院,已经与传统意义上的影院有了很大的差异。设置在三层以上时,其设计一般要求参照设在四层以上的会议厅、多功能厅的要求来设计。

（3）当电影院、剧场、礼堂设置在三级耐火等级的建筑内时，应设置在首层、二层；当设置在四级耐火等级的建筑内时应设置在首层。

4. 特殊场所布置

1）老年人建筑及儿童活动场所

老年人及儿童行动不便，缺乏必要的自理能力，易造成严重伤害，火灾时无法进行适当的自救和安全逃生，一般均需依靠成年人的帮助来实现逃生。因此老年人建筑及托儿所、幼儿园的儿童用房和儿童游乐厅等儿童活动场所宜设置在独立的建筑内。当一、二级耐火等级的多层和高层建筑内设置时，应设置在建筑物的首层或二、三层；当设置在三级耐火等级的建筑内时，应设置在首层及二层；当设置在四级耐火等级的建筑内时，应设置在首层。并均宜设置独立的出口。

2）医院的病房

（1）对于设置在人防工程中的医院病房，不应设置在地下二层及以下层，当设置在地下一层时，室内地面与室外出入口地坪高差不应大于 10 m。

（2）人防工程内设置的病房，应划分独立的防火分区，且疏散楼梯不得与其他防火分区的疏散楼梯共用。

（3）当病房设置在三级耐火等级的建筑内时，应设置在首层、二层；当设置在四级耐火等级的建筑内时，应设置在首层。

5. 工业建筑附属用房布置

1）办公室、休息室

（1）办公室、休息室等不应设置在甲、乙类厂房内，当必须与本厂房贴邻建造时，其耐火等级不应低于二级，并应采用耐火极限不低于 3.00 h 的不燃烧体防爆墙隔开和设置独立的安全出口。

（2）在丙类厂房内设置的办公室、休息室，应采用耐火极限不低于 2.50 h 的不燃烧体隔墙和 1.00 h 的楼板与厂房隔开，并应至少设置 1 个独立的安全出口。如隔墙上需开设相互连通的门时，应采用乙级防火门。

（3）甲、乙类仓库内严禁设置办公室、休息室等，并不应贴邻建造。

（4）在丙、丁类仓库内设置的办公室、休息室，应采用耐火极限不低于 2.50 h 的不燃烧体隔墙和 1.00 h 的楼板与库房隔开，并应设置独立的安全出口。如隔墙上需开设相互连通的门时，应采用乙级防火门。

2）液体中间储罐

厂房中的丙类液体中间储罐应设置在单独房间内，其容积不应大于 1 m³。设置该中间储罐的房间，其围护构件的耐火极限不应低于二级耐火等级建筑的相应要求，房间的门应采用甲级防火门。

3）附属仓库

（1）厂房内设置不超过一昼夜需要量的甲、乙类中间仓库时，中间仓库应靠外墙布置,并应采用防火墙和耐火极限不低于 1.50 h 的不燃烧体楼板与其他部分隔开。

(2)厂房内设置丙类仓库时,必须采用防火墙和耐火极限不低于 1.50 h 的楼板与厂房隔开,设置丁、戊类仓库时,必须采用耐火极限不低于 2.50 h 的不燃烧体隔墙和 1.00 h 的楼板与厂房隔开。

3.7 建筑防火防烟分区与分隔

建筑物内某处失火时,火灾会通过对流热、辐射热和传导热向周围区域传播。建筑物内空间面积大,则火灾燃烧面积大、蔓延扩展快,火灾损失也大。所以,有效地阻止火灾在建筑物的水平及垂直方向蔓延,将火灾限制在一定范围之内是十分必要的。在建筑物内划分防火分区,可有效地控制火势的蔓延,有利于人员安全疏散和扑救火灾,从而达到减少火灾损失的目的。

1. 防火分区

防火分区是指采用具有较高耐火极限的墙和楼板等构件作为一个区域的边界构件划分出的,能在一定时间内阻止火势向同一建筑的其他区域蔓延的防火单元。防火分区的面积大小应根据建筑物的使用性质、高度、火灾危险性、消防扑救能力等因素确定。不同类别的建筑其防火分区的划分有不同的标准。

1)厂房的防火分区

根据不同的生产火灾危险性类别,合理确定厂房的层数和建筑面积,可以有效防止火灾蔓延扩大,减少损失。

甲类生产具有易燃、易爆的特性,容易发生火灾和爆炸,疏散和救援困难,如层数多则扑救困难,严重者对结构有严重破坏。因此,甲类厂房除因生产工艺需要外,应尽量采用单层建筑。

为适应生产需要建设大面积厂房和布置连续生产线工艺时,防火分区采用防火墙分隔比较困难。对此,除甲类厂房外,规范允许采用防火分隔水幕或防火卷帘等进行分隔。厂房的防火分区面积应根据其生产的火灾危险性类别、厂房的层数和厂房的耐火等级等因素确定。各类厂房的防火分区面积应符合表 3.4 的要求。

表 3.4 厂房的层数和每个防火分区的最大允许建筑面积

生产的火灾危险性类别	厂房的耐火等级	最多允许层数	每个防火分区的最大允许建筑面积(m²)			
			单层厂房	多层厂房	高层厂房	地下或半地下厂房(包括地下或半地下室)
甲	一级	宜采用单层	4 000	3 000	—	—
	二级		3 000	2 000	—	—

续上表

生产的火灾危险性类别	厂房的耐火等级	最多允许层数	每个防火分区的最大允许建筑面积(m²)			
			单层厂房	多层厂房	高层厂房	地下或半地下厂房(包括地下或半地下室)
乙	一级	不限	5 000	4 000	2 000	—
	二级	6	4 000	3 000	1 500	—
丙	一级	不限	不限	6 000	3 000	500
	二级	不限	8 000	4 000	2 000	500
	三级	2	3 000	2 000	—	—
丁	一、二级	不限	不限	不限	4 000	1 000
	三级	3	4 000	2 000	—	—
	四级	1	1 000	—	—	—
戊	一、二级	不限	不限	不限	6 000	1 000
	三级	3	5 000	3 000	—	—
	四级	1	1 500	—	—	—

对于一些特殊的工业建筑,防火分区的面积可适当扩大,但必须满足规范规定的相关要求。厂房内的操作平台、检修平台,当使用人数少于 10 人时,平台的面积可不计入所在防火分区的建筑面积内。

2)仓库的防火分区

仓库物资储存比较集中,可燃物数量多,一量发生火灾,灭火救援难度大,常造成严重经济损失。因此,除了对仓库总的占地面积进行限制外,库房防火分区之间的水平分隔必须采用防火墙分隔,不能采用其他分隔方式替代。甲、乙类物品,着火后蔓延快、火势猛烈,甚至可能发生爆炸,危害大。因此甲、乙类仓库内的防火分区之间应采用不开设门窗洞口的防火墙分隔,且甲类仓库应采用单层结构。对于丙、丁、戊类仓库,在实际使用中确因物流等用途需要开口的部位,需采用与防火墙等效的措施,如甲级防火门、防火卷帘分隔,开口部位的宽度一般控制在不大于 6.0 m,高度宜控制在 4.0 m 以下,以保证该部位分隔的有效性。

设置在地下、半地下的仓库,火灾时室内气温高,烟气浓度比较高,热分解产物成分复杂、毒性大,而且威胁上部仓库的安全,因此甲、乙类仓库不应附设在建筑物的地下室和半地下室内。仓库的层数和面积应符合表 3.5 的规定。

表3.5　仓库的层数和面积

储存物品的火灾危险性类别		仓库的耐火等级	最多允许层数	每座仓库的最大允许占地面积和每个防火分区的最大允许建筑面积(m^2)						地下或半地下仓库（包括地下或半地下室）
				单层仓库		多层仓库		高层仓库		
				每座仓库	防火分区	每座仓库	防火分区	每座仓库	防火分区	防火分区
甲	3、4项	一级	1	180	60	—	—	—	—	—
	1、2、5、6项	一、二级	1	750	250	—	—	—	—	—
乙	1、3、4项	一、二级	3	2 000	500	900	300	—	—	—
		三级	1	500	250	—	—	—	—	—
	2、5、6项	一、二级	5	2 800	700	1 500	500	—	—	—
		三级	1	900	300	—	—	—	—	—
丙	1项	一、二级	5	4 000	1 000	2 800	700	—	—	150
		三级	1	1 200	400	—	—	—	—	—
	2项	一、二级	不限	6 000	1 500	4 800	1 200	4 000	1 000	300
		三级	3	2 100	700	1 200	400	—	—	—
丁		一、二级	不限	不限	3 000	不限	1 500	4 800	1 200	500
		三级	3	3 000	1 000	1 500	500	—	—	—
		四级	1	2 100	700	—	—	—	—	—
戊		一、二级	不限	不限	不限	不限	2 000	6 000	1 500	1 000
		三级	3	3 000	1 000	2 100	700	—	—	—
		四级	1	2 100	700	—	—	—	—	—

仓库内设置自动灭火系统时,除冷库的防火分区外,每座仓库的最大允许占地面积和每个防火分区的最大允许建筑面积可按表3.5的规定增加1.0倍。冷库的防火分区面积应符合现行国家标准《冷库设计规范》GB 50072的规定。

3)民用建筑的防火分区

当建筑面积过大时,室内容纳的人员和可燃物的数量相应增大,为了减少火灾损失,对建筑物防火分区的面积按照建筑物耐火等级的不同给予相应的限制。表3.6

给出不同耐火等级民用建筑防火分区的最大允许建筑面积。

表 3.6　不同耐火等级民用建筑防火分区最大允许建筑面积

名称	耐火等级	防火分区的最大允许建筑面积(m²)	备注
高层民用建筑	一、二级	1 500	对于体育馆、剧场的观众厅,防火分区的最大允许建筑面积可适当增加
单、多层民用建筑	一、二级	2 500	
	三级	1 200	——
	四级	600	——
地下或半地下建筑(室)	一级	500	设备用房的防火分区最大允许建筑面积不应大于 1 000 m²

当建筑内设置自动灭火系统时,防火分区最大允许建筑面积可按表 3.6 的规定增加 1.0 倍;局部设置时,防火分区的增加面积可按该局部面积的 1.0 倍计算。裙房与高层建筑主体之间设置防火墙时,裙房的防火分区可按单、多层建筑的要求确定。

一、二级耐火等级建筑内的营业厅、展览厅,当设置自动灭火系统和火灾自动报警系统并采用不燃或难燃装修材料时,每个防火分区的最大允许建筑面积可适当增加,并应符合下列规定:

(1)设置在高层建筑内时,不应大于 4 000 m²。

(2)设置在单层建筑内或仅设置在多层建筑的首层内时,不应大于 10 000 m²。

(3)设置在地下或半地下时,不应大于 2 000 m²。

总建筑面积大于 20 000 m² 的地下或半地下商业营业厅,应采用无门、窗、洞口的防火墙、耐火极限不低于 2.00 h 的楼板分隔为多个建筑面积不大于 20 000 m² 的区域。相邻区域确需局部水平或竖向连通时,应采用符合规定的下沉式广场等室外开敞空间、防火隔间、避难走道、防烟楼梯间等方式进行连通。

4)木结构建筑的防火分区

建筑高度不大于 18 m 的住宅建筑,建筑高度不大于 24 m 的办公建筑或丁、戊类厂房(库房)的房间隔墙和非承重外墙可采用木骨架组合墙体。民用建筑,丁、戊类厂房(库房)可采用木结构建筑或木结构组合建筑,其允许层数和建筑高度应符合表 3.7 的规定。木结构建筑防火墙间的允许建筑长度和每层最大允许建筑面积应符合表 3.8 的规定。

表 3.7 木骨架组合墙体的燃烧性能和耐火极限(h)

构件名称	建筑物的耐火等级或类型				
	一级	二级	三级	木结构建筑	四级
非承重外墙	不允许	难燃性 1.25	难燃性 0.75	难燃性 0.75	无要求
房间隔墙	难燃性 1.00	难燃性 0.75	难燃性 0.50	难燃性 0.50	难燃性 0.25

表 3.8 木结构建筑防火墙间的允许建筑长度和每层最大允许建筑面积

层数(层)	防火墙间的允许建筑长度(m)	防火墙间的每层最大允许建筑面积(m²)
1	100	1 800
2	80	900
3	60	600

当设置自动喷水灭火系统时,防火墙间的允许建筑长度和每层最大允许建筑面积可按表 3.8 规定增加 1.0 倍;当为丁、戊类地上厂房时,防火墙间的每层最大允许建筑面积不限。体育场馆等高大空间建筑,其建筑高度和建筑面积可适当增加。

附设在木结构住宅建筑内的机动车库、发电机间、配电间、锅炉间等火灾危险性较大的场所,应采用耐火极限不低于 2.00 h 的防火隔墙和耐火极限不低于 1.00 h 的不燃性楼板与其他部位分隔,不宜开设与室内相通的门、窗、洞口。采用木结构的自用车库的建筑面积不宜大于 60 m²。

5)城市交通隧道的防火分区

隧道内的变电站、管廊、专用疏散通道、通风机房及其他辅助用房等,应采取耐火极限不低于 2.00 h 的防火隔墙和甲级防火门等分隔措施与车行隧道分隔。隧道内附设的地下设备用房,占地面积大,人员较少,每个防火分区的最大允许建筑面积不应大于 1 500 m²。

2. 防火分隔

划分防火分区时必须满足防火设计规范中规定的面积及构造要求,同时还应遵循以下原则:同一建筑物内,不同的危险区域之间、不同用户之间、办公用房和生产车间之间,应进行防火分隔处理;作避难通道使用的楼梯间、前室和具有避难功能的走廊,必须受到完全保护,保证其不受火灾侵害并畅通无阻。高层建筑中的各种竖向井道,如电缆井、管道井等,其本身应是独立的防火单元,应保证井道外部火灾不扩大到井道内部,井道内部火灾也不蔓延到井道外部。有特殊防火要求的建筑,在防火分区之内应设置更小的防火区域。

1)防火分区分隔

防火分区划分的目的是采用防火措施控制火灾蔓延,减少人员伤亡和经济损失。划分防火分区,应考虑水平方向的划分和垂直方向的划分。水平防火分区,即采用一定耐火极限的墙、楼板、门窗等防火分隔物按防火分区的面积进行分隔的空间。按垂直方向划分的防火分区也称竖向防火分区,可把火灾控制在一定的楼层范围内,防止火灾向其他楼层垂直蔓延,主要采用具有一定耐火极限的楼板做分隔构件。每个楼层可根据面积要求划分成多个防火分区,高层建筑在垂直方向应以每个楼层为单元划分防火分区,所有建筑物的地下室,在垂直方向应以每个楼层为单元划分防火分区。

2)功能区域分隔

(1)歌舞娱乐放映游艺场所

歌舞娱乐放映游艺场所相互分隔的独立房间,如卡拉OK的每间包房、桑拿浴的每间按摩房或休息室等房间应是独立的防火分隔单元。当其布置在地下或四层及以上楼层时,一个厅、室的建筑面积不应大于200 m²,即使设置自动喷水灭火系统面积也不能增加,以便将火灾限制在该房间内。厅、室之间及与建筑的其他部位之间,应采用耐火极限不低于2.00 h的防火隔墙和不低于1.00 h的不燃性楼板分隔,设置在厅、室墙上的门和该场所与建筑内其他部位相通的门均应采用乙级防火门。单元之间或与其他场所之间的分隔构件上无任何门窗洞口。

(2)人员密集场所

观众厅、会议厅(包括宴会厅)等人员密集的厅、室布置在四层及以上楼层时,建筑面积不宜大于400 m²,且应设置火灾自动报警系统和自动喷水灭火系统等自动灭火系统,幕布的燃烧性能不应低于B1级。

剧场、电影院、礼堂设置在一、二级耐火等级的多层民用建筑内时,应采用耐火极限不低于2.00 h的防火隔墙和甲级防火门与其他区域分隔;布置在四层及以上楼层时,一个厅、室的建筑面积不宜大于400 m²;设置在三级耐火等级的建筑内时,不应布置在三层及以上楼层;设置在地下或半地下时,宜设置在地下一层,不应设置在地下三层及以下楼层,防火分区的最大允许建筑面积不应大于1 000 m²;当设置自动喷水灭火系统和火灾自动报警系统时,该面积也不得增加。

(3)医院、疗养院建筑

医院、疗养院建筑指医院或疗养院内的病房楼、门诊楼、手术部或疗养楼、医技楼等直接为病人诊查、治疗和休养服务的建筑。病房楼内的火灾荷载大、大多数人员行动能力受限,相比办公楼等公共建筑的火灾危险性更高。因此,在按照规范要求划分防火分区后,病房楼的每个防火分区还需根据面积大小和疏散路线进一步分隔,以便将火灾控制在更小的区域内,并有效地减小烟气的危害,为人员疏散与灭火救援提供更好的条件。

医院和疗养院的病房楼内相邻护理单元之间应采用耐火极限不低于2.00 h的防火隔墙分隔,隔墙上的门应采用乙级防火门,设置在走道上的防火门应采用常开防火门。

（4）住宅

住宅建筑的火灾危险性与其他功能的建筑有较大差别,需独立建造。当将住宅与其他功能场所空间组合在同一座建筑内时,需在水平与竖向采取防火分隔措施与其他部分分隔,并使各自的疏散设施相互独立,互不连通。在水平方向,应采用无门窗洞口的防火墙分隔;在竖向,应采用楼板分隔并在建筑立面开口位置的上下楼层分隔处采用防火挑檐、窗槛墙等防止火灾蔓延。

住宅建筑与其他使用功能的建筑合建时,应符合下列规定:

①住宅部分与非住宅部分之间,应采用耐火极限不低于1.50 h的不燃性楼板和耐火极限不低于2.00 h且无门、窗、洞口的防火隔墙完全分隔;当为高层建筑时,应采用耐火极限不低于2.50 h的不燃性楼板和无门、窗、洞口的防火墙完全分隔,住宅部分与非住宅部分相接处应设置高度不小于1.2 m的防火挑檐,或相接处上、下开口之间的墙体高度不应小于4.0 m。

②设置商业服务网点的住宅建筑,居住部分与商业服务网点之间应采用耐火极限不低于1.50 h的不燃性楼板和耐火极限不低于2.00 h且无门、窗、洞口的防火隔墙完全分隔,住宅部分和商业服务网点部分的安全出口和疏散楼梯应分别独立设置。

③商业服务网点中每个分隔单元之间应采用耐火极限不低于2.00 h且无门、窗、洞口的防火隔墙相互分隔。

3）设备用房分隔

附设在建筑内的消防控制室、灭火设备室、消防水泵房和通风空气调节机房、变配电室等,应采用耐火极限不低于2.00 h的防火隔墙和不低于1.50 h的楼板与其他部位分隔。设置在丁、戊类厂房内的通风机房应采用耐火极限不低于1.00 h的防火隔墙和不低于0.50 h的楼板与其他部位分隔。通风空气调节机房和变配电室开向建筑内的门应采用甲级防火门,消防控制室和其他设备房开向建筑内的门应采用乙级防火门。

锅炉房、变压器室等与其他部位之间应采用耐火极限不低于2.00 h的防火隔墙和不低于1.50 h的不燃性楼板分隔。在隔墙和楼板上不应开设洞口,必须在隔墙上开设门、窗时,应设置甲级防火门、窗。

锅炉房内设置的储油间,其总储存量不应大于1 m³,且储油间应采用防火墙与锅炉间分隔;必须在防火墙上开门时,应设置甲级防火门;变压器室之间、变压器室与配电室之间,应设置耐火极限不低于2.00 h的防火隔墙;油浸变压器、多油开关室、

高压电容器室,应设置防止油品流散的设施。油浸变压器下面应设置能储存变压器全部油量的事故储油设施;

布置在民用建筑内的柴油发电机房应采用耐火极限不低于 2.00 h 的防火隔墙和不低于 1.50 h 的不燃性楼板与其他部位分隔,门应采用甲级防火门;机房内设置的储油间时,其总储存量不应大于 1 m³,储油间应采用防火墙与发电机间分隔;必须在防火墙上开门时,应设置甲级防火门。

4)中庭防火分隔

(1)中庭也称为"共享空间",是建筑中由上下楼层贯通而形成的一种共享空间。近年来,随着建筑物大规模化和综合化趋势的发展,出现了贯通数层,乃至数十层的大型中庭空间建筑。建筑中庭的设计在世界上非常流行,在大型中庭空间中,可以用于集会、举办音乐会、舞会和各种演出,其大空间的团聚气氛显示出良好的效果。中庭空间具有以下特点:

①在建筑物内部、上下贯通多层空间;

②多数以屋顶或外墙的一部分采用钢结构和玻璃,使阳光充满内部空间;

③中庭空间的用途是不确定的。

(2)中庭建筑的火灾危险性

设计中庭的建筑,最大的问题是发生火灾时,其防火分区被上下贯通的大空间所破坏。因此,当中庭防火设计不合理或管理不善时,有火灾急速扩大的可能性。其危险在于:

①火灾不受限制地急剧扩大。中庭空间一旦失火,属于"燃料控制型"燃烧,因此,很容易使火势迅速扩大。

②烟气迅速扩散。由于中庭空间形似烟囱,因此易产生烟囱效应。若在中庭下层发生火灾,烟火就进入中庭;若在上层发生火灾,中庭空间未考虑排烟时,就会向周围楼层扩散,进而扩散到整个建筑物。

③疏散危险。由于烟气在多层楼迅速扩散,楼内人员会产生心理恐惧,人们争先恐后夺路逃命,极易出现伤亡。

④自动喷水灭火设备难启动。中庭空间的顶棚很高,因此采取以往的火灾探测和自动喷水灭火装置等方法不能达到火灾早期探测和初期灭火的效果。即使在顶棚下设置了自动洒水喷头,由于太高,而温度达不到额定值,洒水喷头就无法启动。

⑤灭火和救援活动可能受到的影响:

a. 同时可能出现要在几层楼进行灭火;

b. 消防队员不得不逆疏散人流的方向进入火场;

c. 火灾迅速多方位扩大,消防队难以围堵扑灭火灾;

d. 火灾时,屋顶和壁面上的玻璃因受热破裂而散落,对扑救人员造成威胁;

e. 建筑物中庭的用途不确定,将会有大量不熟悉建筑情况的人员参与活动,并可能增加大量的可燃物,如临时舞台、照明设施、座位等,将会加大火灾发生的概率,加大火灾时人员的疏散难度。

5)玻璃幕墙防火分隔

现代建筑中,经常采用类似幕帘式的墙板。这种墙板一般都比较薄,最外层多采用玻璃、铝合金或不锈钢等漂亮的材料,形成饰面,改变了框架结构建筑的艺术面貌。幕墙工程技术飞速发展,当前多以精心设计和高度工业化的型材体系为主。由于幕墙框料及玻璃均可预制,大幅度降低了工地上复杂细致的操作工作量;新型轻质保温材料、优质密封材料和施工工艺的较快发展,促使非承重轻质外墙的设计和构造发生了根本性改变。然而,发生火灾时玻璃幕墙在火灾初期即会爆裂,导致火灾在建筑物内蔓延,垂直的玻璃幕墙和水平楼板、隔墙间的缝隙是火灾扩散的途径。

玻璃幕墙的防火措施有以下几方面要求:

(1)对不设窗间墙的玻璃幕墙,应在每层楼板外沿,设置耐火极限不低于1.0 h,高度不低于1.2 m的不燃性实体墙或防火玻璃墙;当室内设置自动喷水灭火系统时,该部分墙体的高度不应小于0.8 m。

(2)为了阻止火灾时幕墙与楼板、隔墙之间的洞隙蔓延火灾,幕墙与每层楼板交界处的水平缝隙和隔墙处的垂直缝隙,应该用防火封堵材料严密填实。

窗间墙、窗槛墙的填充材料应采用防火封堵材料,以阻止火灾通过幕墙与墙体之间的空隙蔓延。

需要注意的是,当玻璃幕墙遇到防火墙时,应遵循防火墙的设置要求。防火墙不应与玻璃直接连接,而应与其框架连接。

6)管道井防火分隔

楼梯间、电梯井、采光天井、通风管道井、电缆井、垃圾井等竖井串通各层的楼板,形成竖向连通孔洞,其烟囱效应十分危险。这些竖井应该单独设置,以防烟火在竖井内蔓延。否则烟火一旦侵入,就会形成火灾向上层蔓延的通道,其后果将不堪设想。高层建筑各种竖井的防火设计构造要求,见表3.9。

表3.9 井道防火分隔要求

名称	防火要求
电梯井	①应独立设置; ②井内严禁敷设可燃气体和甲、乙、丙类液体管道,并不应敷设与电梯无关的电缆,电线等; ③井壁应为耐火极限不低于2 h的不燃性墙体; ④井壁除开设电梯门洞和通气孔洞外,不应开设其他洞口; ⑤电梯门不应采用栅栏门

名称	防　火　要　求
电缆井、管道井、排烟道、排气道	①这些竖井应分别独立设置; ②井壁应为耐火极限不低于 1 h 的不燃性墙体; ③墙壁上的检查门应采用丙级防火门; ④高度不超过 100 m 的高层建筑,其电缆井、管道井应每隔 2~3 层在楼板处用相当于楼板耐火极限的不燃性墙体作防火分隔,建筑高度超过 100 m 的建筑物,应每层作防火分隔; ⑤电缆井、管道井与房间、吊顶、走道等相连通的孔洞,应用不燃材料或防火封堵材料严密填实
垃圾道	①宜靠外墙独立设置,不宜设在楼梯间内; ②垃圾道排气口应直接开向室外; ③垃圾斗宜设在垃圾道前室内,前室门采用丙级防火门; ④垃圾斗应用不燃材料制作并能自动关闭

7) 变形缝防火分隔

为防止因建筑变形破坏管线而引发火灾并使烟气通过变形缝扩散,电线、电缆、可燃气体和甲、乙、丙类液体的管道穿过建筑内的变形缝时,应在穿过处加设不燃材料制作的套管或采取其他防变形措施,并应采用防火封堵材料封堵。

8) 管道空隙防火封堵

防烟、排烟、供暖、通风和空气调节系统中的管道及建筑内的其他管道,在穿越防火隔墙、楼板和防火分区处的孔隙应采用防火封堵材料封堵。

防火封堵材料,均要符合国家有关标准《防火膨胀密封件》GB 16807 和《防火封堵材料的性能要求和试验方法》GA 161 等的要求。

3. 防火分隔设施与措施

对建筑物进行防火分区的划分是通过防火分隔构件来实现的。具有阻止火势蔓延,能把整个建筑空间划分成若干较小防火空间的建筑构件称防火分隔构件。防火分隔构件可分为固定式和可开启关闭式两种。固定式包括普通砖墙、楼板、防火墙等,可开启关闭式包括防火门、防火窗、防火卷帘、防火水幕等。

1) 防火墙

防火墙是具有不少于 3.00 h 耐火极限的不燃性实体墙。在设置时应满足六个方面的构造要求:

(1)防火墙应直接设置在基础上或钢筋混凝土框架上。防火墙应截断可燃性墙体或难燃性墙体的屋顶结构,且应高出不燃性墙体屋面不小于 40cm,高出可燃性墙体或难燃性墙体屋面不小于 50cm。

(2)防火墙中心距天窗端面的水平距离小于 4 m,且天窗端面为可燃性墙体时,应采取防止火势蔓延的设施。

（3）建筑物外墙如为难燃性墙体时，防火墙应突出墙的外表面40 cm，或防火墙带的宽度，从防火墙中心线起每侧不应小于2 m。

（4）防火墙内不应设置排气道。防火墙上不应开设门、窗、洞口，如必须开设时，应采用能自行关闭的甲级防火门、窗。可燃气体和甲、乙、丙类液体管道不应穿过防火墙。其他管道如必须穿过时，应用防火封堵材料将缝隙紧密填塞。

（5）建筑物内的防火墙不应设在转角处。如设在转角附近，内转角两侧上的门窗洞口之间最近的水平距离不应小于4 m。紧靠防火墙两侧的门、窗、洞口之间最近的水平距离不应小于2 m。

（6）设计防火墙时，应考虑防火墙一侧的屋架、梁、楼板等受到火灾的影响而破坏时，不致使防火墙倒塌。

2）防火卷帘

防火卷帘是在一定时间内，连同框架能满足耐火稳定性和完整性要求的卷帘，由帘板、卷轴、电机、导轨、支架、防护罩和控制机构等组成。

（1）类型

①按叶板厚度，可分为轻型：厚度为0.5~0.6 mm；重型：厚度为1.5~1.6 mm。

一般情况下，0.8~1.5 mm厚度适用于楼梯间或电动扶梯的隔墙，1.5 mm厚度以上适用于防火墙或防火分隔墙。

②按卷帘动作方向，可分为：上卷，宽度可达10 m，耐火极限可达4 h；侧卷，宽度可达80~100 m，不小于90°转弯，耐火极限可达4.3 h。

③按材料，可分为：普通型钢质，耐火极限分别达到1.5 h，2.0 h；复合型钢质，中间加隔热材料，耐火极限可分别达到2.5 h，3.0 h，4.0 h。此外，还有非金属材料制作的复合防火卷帘，主要材料是石棉布，有较高的耐火极限。

（2）设置要求

①替代防火墙的防火卷帘应符合防火墙耐火极限的判定条件，或在其两侧设冷却水幕，计算水量时，其火灾延续时间按不小于3.00 h考虑。

②设在疏散走道和前室的防火卷帘应具有延时下降功能。在卷帘两侧设置启闭装置，并应能电动和手动控制。

③需在火灾时自动降落的防火卷帘，应具有信号反馈的功能。

④应有防火防烟密封措施。两侧压差为20 Pa时，漏烟量小于0.2 m³/(m²·min)。

⑤不宜采用侧式防火卷帘。

⑥防火卷帘的耐火极限不应低于规范对所设置部位的耐火极限要求。

防火卷帘应符合现行国家标准《钢质防火卷帘通用技术条件》GB 14102的规定。

（3）设置部位

一般设置在电梯厅、自动扶梯周围,中庭与楼层走道、过厅相通的开口部位,生产车间中大面积工艺洞口以及设置防火墙有困难的部位等。

需要注意的是,为保证安全,除中庭外,当防火分隔部位的宽度不大于 30 m 时,防火卷帘的宽度不应大于 10 m;当防火分隔部位的宽度大于 30 m 时,防火卷帘的宽度不应大于该防火分隔部位宽度的 1/3,且不应大于 20 m。

3）防火门窗

（1）防火门

防火门是指具有一定耐火极限,且在发生火灾时能自行关闭的门。建筑中设置的防火门,应保证门的防火和防烟性能符合现行国家标准《防火门》GB 12955 的有关规定,并经消防产品质量检测中心检测试验认证才能使用。

①分类

a. 按耐火极限:防火门分为甲、乙、丙三级,耐火极限分别不低于 1.50 h,1.00 h 和 0.50 h,对应的防火门分别应用于防火墙、疏散楼梯门和竖井检查门。

b. 按材料:可分为木质、钢质、复合材料防火门。

c. 按门扇结构:可分为带亮子,不带亮子;单扇、多扇;全玻门、防火玻璃防火门。

②防火要求

a. 疏散通道上的防火门应向疏散方向开启,并在关闭后应能从任一侧手动开启。设置防火门的部位,一般为房间的疏散门或建筑某一区域的安全出口。建筑内设置的防火门既要能保持建筑防火分隔的完整性,又要能方便人员疏散和开启。因此,防火门的开启方式、开启方向等均要保证在紧急情况下人员能快捷开启,不会导致阻塞。

b. 用于疏散走道、楼梯间和前室的防火门,应能自动关闭;双扇和多扇防火门,应设置顺序闭门器。

c. 除允许设置常开防火门的位置外,其他位置的防火门均应采用常闭防火门。常闭防火门应在门扇的明显位置设置"保持防火门关闭"等提示标志。为方便平时经常有人通行而需要保持常开的防火门,在发生火灾时,应具有自动关闭和信号反馈功能,如设置与报警系统联动的控制装置和闭门器等。

d. 为保证分区间的相互独立,设在变形缝附近的防火门,应设在楼层较多的一侧,且门开启后不应跨越变形缝,防止烟火通过变形缝蔓延。

e. 平时关闭后应具有防烟性能。

（2）防火窗

防火窗是采用钢窗框、钢窗扇及防火玻璃制成的,能起到隔离和阻止火势蔓延的窗,一般设置在防火间距不足部位的建筑外墙上的开口或天窗,建筑内的防火墙或防火隔墙上需要观察等部位以及需要防止火灾竖向蔓延的外墙开口部位。

防火窗按照安装方法可分固定窗扇与活动窗扇两种。固定窗扇防火窗,不能开启,平时可以采光,遮挡风雨,发生火灾时可以阻止火势蔓延;活动窗扇防火窗,能够开启和关闭,起火时可以自动关闭,阻止火势蔓延,开启后可以排除烟气,平时还可以采光和通风。为了使防火窗的窗扇能够开启和关闭,需要安装自动和手动开关装置。

防火窗的耐火极限与防火门相同。设置在防火墙、防火隔墙上的防火窗,应采用不可开启的窗扇或具有火灾时能自行关闭的功能。

防火窗应符合现行国家标准《防火窗》GB 16809 的有关规定。

4)防火分隔水幕

防火分隔水幕可以起到防火墙的作用,在某些需要设置防火墙或其他防火分隔物而无法设置的情况下,可采用防火水幕进行分隔。

防火分隔水幕宜采用雨淋式水幕喷头,水幕喷头的排列不少于 3 排,水幕宽度不宜小于 6 m,供水强度不应小于 2 L/(s·m)。

5)防火阀

防火阀是在一定时间内能满足耐火稳定性和耐火完整性要求,用于管道内阻火的活动式封闭装置。空调、通风管道一旦窜入烟火,就会导致火灾大范围蔓延。因此,在风道贯通防火分区的部位(防火墙),必需设置防火阀。

防火阀平时处于开启状态,发生火灾时,当管道内烟气温度达到 70 ℃时,易熔合金片熔断断开而自动关闭。

(1)防火阀的设置部位

①穿越防火分区处;

②穿越通风、空气调节机房的房间隔墙和楼板处;

③穿越重要或火灾危险性大的房间隔墙和楼板处;

④穿越防火分隔处的变形缝两侧;

⑤竖向风管与每层水平风管交接处的水平管段上,但当建筑内每个防火分区的通风、空气调节系统均独立设置时,水平风管与竖向总管的交接处可不设置防火阀;

⑥公共建筑的浴室、卫生间和厨房的竖向排风管,应采取防止回流措施或在支管上设置公称动作温度为 70 ℃的防火阀。公共建筑内厨房的排油烟管道宜按防火分区设置,且在与竖向排风管连接的支管处应设置公称动作温度为 150 ℃的防火阀。

(2)防火阀的设置要求

防火阀的设置应符合下列规定:

①防火阀宜靠近防火分隔处设置;

②防火阀暗装时,应在安装部位设置方便维护的检修口;

③在防火阀两侧各 2.0 m 范围内的风管及其绝热材料应采用不燃材料;

④防火阀应符合现行国家标准《建筑通风和排烟系统用防火阀门》GB 15930 的规定。

6）排烟防火阀

排烟防火阀是安装在排烟系统管道上起隔烟、阻火作用的阀门。它在一定时间内能满足耐火稳定性和耐火完整性的要求，具有手动和自动功能。当管道内的烟气达到 280 ℃时排烟阀门自动关闭。

排烟防火阀设置场所：排烟管在进入排风机房处；穿越防火分区的排烟管道上；排烟系统的支管上。

4. 防烟分区

防烟分区是在建筑内部采用挡烟设施分隔而成，能在一定时间内防止火灾烟气向同一防火分区的其余部分蔓延的局部空间。

划分防烟分区的目的：一是为了在火灾时，将烟气控制在一定范围内；二是为了提高排烟口的排烟效果。防烟分区一般应结合建筑内部的功能分区和排烟系统的设计要求进行划分，不设排烟设施的部位（包括地下室）可不划分防烟分区。

1）防烟分区面积划分

设置排烟系统的场所或部位应划分防烟分区。防烟分区不宜大于 2 000 m²，长边不应大于 60 m。当室内高度超过 6 m，且具有对流条件时，长边不应大于 75 m。设置防烟分区应满足以下几个要求：

（1）防烟分区应采用挡烟垂壁、隔墙、结构梁等划分；

（2）防烟分区不应跨越防火分区；

（3）每个防烟分区的建筑面积不宜超过规范要求；

（4）采用隔墙等形成封闭的分隔空间时，该空间宜作为一个防烟分区；

（5）储烟仓高度不应小于空间净高的10%，且不应小于 500 mm，同时应保证疏散所需的清晰高度；最小清晰高度应由计算确定；

（6）有特殊用途的场所应单独划分防烟分区。

2）防烟分区分隔措施

划分防烟分区的构件主要有挡烟垂壁、隔墙、防火卷帘、建筑横梁等。

（1）挡烟垂壁

挡烟垂壁是用不燃材料制成，垂直安装在建筑顶棚、横梁或吊顶下，能在火灾时形成一定的蓄烟空间的挡烟分隔设施。

挡烟垂壁常设置在烟气扩散流动的路线上烟气控制区域的分界处，和排烟设备配合进行有效的排烟。其从顶棚下垂的高度一般应距顶棚面 50 cm 以上，称为有效高度。当室内发生火灾时，所产生的烟气由于浮力作用而积聚在顶棚下，只要烟层的厚度小于挡烟垂壁的有效高度，烟气就不会向其他场所扩散。

挡烟垂壁分固定式和活动式两种。固定式挡烟垂壁是指固定安装的、能满足设定挡烟高度的挡烟垂壁。活动式挡烟垂壁可从初始位置自动运行至挡烟工作位置，并满足设定挡烟高度的挡烟垂壁。

（2）建筑横梁

当建筑横梁的高度超过 50 cm 时，该横梁可作为挡烟设施使用。

4 建筑消防设施和建筑设备防火

4.1 建筑消防设施

建筑消防设施是指在建筑物、构筑物中设置用于火灾报警、灭火、人员疏散、防火分隔、灭火救援等防范和扑救建筑火灾的设备设施的总称。具体的作用大致包括防火分隔、火灾自动(手动)报警、电气与可燃气体火灾监控、自动(人工)灭火、防烟与排烟、应急照明、消防通信以及安全疏散、消防电源保障等方面。

建筑消防设施涉及的范围较广,包括消防供配电设施、火灾自动报警系统、消防给水设施消火栓和消防炮、自动喷水灭火系统、泡沫灭火系统、气体灭火系统、防烟排烟系统、消防应急照明系统、消防应急广播系统、消防专用电话、防火分隔设施、消防电梯、灭火器等。

4.1.1 消防电梯

消防电梯用于节省消防员的体力,及时控制和消除火灾。对于地下建筑,由于排烟、通风条件很差,受当前装备的限制,消防员通过楼梯进入地下的危险性较地上建筑要高,因此,要尽量缩短达到火场的时间。由于普通的客、货电梯不具备防火、防烟、防水条件,火灾时往往电源没有保证,不能用于消防员的灭火救援。因此,要求高层建筑和埋深较大的地下建筑设置供消防员专用的消防电梯。

符合消防电梯要求的客梯或工作电梯,可以兼作消防电梯。

1. 消防电梯的设置范围

(1)建筑高度大于 33 m 的住宅建筑。

(2)一类高层公共建筑和建筑高度大于 32 m 的二类高层公共建筑。

(3)设置消防电梯的建筑的地下或半地下室,埋深大于 10 m 且总建筑面积大于 3 000 m² 的其他地下或半地下建筑(室)。

(4)符合下列条件的建筑可不设置消防电梯:

①建筑高度大于 32 m 且设置电梯,任一层工作平台上的人数不超过 2 人的高层塔架。

②局部建筑高度大于 32 m,且局部高出部分的每层建筑面积不大于 50 m² 的丁、戊类厂房。

2. 消防电梯的设置要求

(1)消防电梯应分别设置在不同防火分区内,且每个防火分区不应少于 1 台。地下或半地下建筑(室)相邻两个防火分区可共用 1 台消防电梯。

(2)建筑高度大于 32 m 且设置电梯的高层厂房(仓库),每个防火分区内宜设置 1 台消防电梯。

(3)消防电梯应具有防火、防烟、防水功能。

(4)消防电梯应设置前室或与防烟楼梯间合用的前室。设置在仓库连廊、冷库穿堂或谷物筒仓工作塔内的消防电梯,可不设置前室。消防电梯前室应符合以下要求:

①前室宜靠外墙设置,并应在首层直通室外或经过长度不大于 30 m 的通道通向室外;

②前室的使用面积公共建筑不应小于 6 m²,居住建筑不应小于 4.5 m²;与防烟楼梯间合用的前室,公共建筑不应小于 10 m²,居住建筑不应小于 6 m²;

③前室或合用前室的门应采用乙级防火门,不应设置卷帘。

(5)消防电梯井、机房与相邻电梯井、机房之间应设置耐火极限不低于 2.00 h 的防火隔墙,隔墙上的门应采用甲级防火门。

(6)在扑救建筑火灾过程中,建筑内有大量消防废水流散,电梯井内外要考虑设置排水和挡水设施,并设置可靠的电源和供电线路,以保证电梯可靠运行。因此在消防电梯的井底应设置排水设施,排水井的容量不应小于 2 m³,排水泵的排水量不应小于 10 L/s,且消防电梯间前室的门口宜设置挡水设施。

(7)消防电梯的载重量及行驶速度。为了满足消防扑救的需要,消防电梯应选用较大的载重量,一般不应小于 800 kg,且轿厢尺寸不宜小于 1.5 m×2 m。这样,火灾时可以将一个战斗班的(8 人左右)消防队员及随身携带的装备运到火场,同时可以满足用担架抢救伤员的需要。对于医院建筑等类似建筑,消防电梯轿厢内的净面积尚需考虑病人、残障人员等的救援以及方便对外联络的需要。消防电梯要层层停靠,包括地下室各层。为了赢得宝贵的时间,消防电梯的行驶速度从首层至顶层的运行时间不宜大于 60 s。

(8)消防电梯的电源及附设操作装置。消防电梯的供电应为消防电源并设备用电源,在最末级配电箱自动切换,动力与控制电缆、电线、控制面板应采取防水措施;在首层的消防电梯入口处应设置供消防队员专用的操作按钮,使之能快速回到首层或到达指定楼层;电梯轿厢内部应设置专用消防对讲电话,方便队员与控制中心联络。

(9)电梯轿厢的内部装修应采用不燃材料。

4.1.2 消防控制室

消防控制室是建筑消防系统的信息中心、控制中心、日常运行管理中心和自动消防系统运行状态监视中心,也是建筑发生火灾和日常火灾演练时的应急指挥中心。

1. 消防控制室的建筑防火设计

设有消防联动功能的火灾自动报警系统和自动灭火系统或设有消防联动功能的火灾自动报警系统和机械防(排)烟设施的建筑,应设置消防控制室。

消防控制室的设置应符合下列规定:

(1)单独建造的消防控制室,其耐火等级不应低于二级;

(2)附设在建筑内的消防控制室,宜设置在建筑内首层的靠外墙部位,亦可设置在建筑物的地下一层,但应采用耐火极限不低于 2.00 h 的隔墙和不低于 1.50 h 的楼板,与其他部位隔开,并应设置直通室外的安全出口;

(3)消防控制室送、回风管的穿墙处应设防火阀;

(4)消防控制室内严禁有与消防设施无关的电气线路及管路穿过;

(5)不应设置在电磁场干扰较强及其他可能影响消防控制设备工作的设备用房附近。

2. 消防控制室的功能要求

消防控制室内设置的消防设备应包括火灾报警控制器、消防联动控制器、消防控制室图形显示装置、消防专用电话总机、消防应急广播控制装置、消防应急照明和疏散指示系统控制装置、消防电源监控器等设备,或具有相应功能的组合设备。

消防控制室内设置的消防控制室图形显示装置,应能显示规范规定的建筑物内设置的全部消防系统,及相关设备的动态信息和规范规定的消防安全管理信息,并应为远程监控系统预留接口,同时应具有向远程监控系统传输规范规定的有关信息的功能。

消防控制室应设有用于火灾报警的外线电话。消防控制室应有相应的竣工图纸、各分系统控制逻辑关系说明、设备使用说明书、系统操作规程、应急预案、值班制度、维护保养制度及值班记录等文件资料。

具有两个及两个以上消防控制室时,应确定主消防控制室和分消防控制室。主消防控制室的消防设备应对系统内共用的消防设备进行控制,并显示其状态信息;主消防控制室内的消防设备应能显示各分消防控制室内消防设备的状态信息,并可对分消防控制室内的消防设备及其控制的消防系统和设备进行控制;各分消防控制室内的消防设备之间可以互相传输、显示状态信息,但不应互相控制。

消防控制室内设置的消防设备应为符合国家市场准入制度的产品。消防控制室的设计、建设和运行应符合国家现行有关标准的规定。消防设备组成系统时,各设备之间应满足系统兼容性要求。

4.2 建筑设备防火

4.2.1 电气线路及用电设备防火

1. 电气线路防火

电气线路是用于传输电能、传递信息和宏观电磁能量转换的载体,电气线路火灾除了由外部的火源或火种直接引燃外,主要是由于自身在运行过程中出现的短路、过载、接触电阻过大以及漏电等故障产生电弧、电火花或电线、电缆过热,引燃电线、电缆及其周围的可燃物而引发的火灾。通过对电气线路火灾事故原因的统计分析,电气线路的防火措施主要应从电线电缆的选择、线路的敷设及连接、在线路上采取保护措施等方面入手。

2. 用电设备防火

根据近几年的火灾统计,电气火灾年均发生次数占火灾年均总发生次数的27%,居各火灾原因之首位。而电气火灾原因中,由于用电设备故障或使用不当导致的火灾占相当一部分比例。

1)照明器具防火

电气照明是现代照明的主要方式,电气照明往往伴随着大量的热和高温,如果安装或使用不当,极易引发火灾事故。

照明器具包括室内各类照明及艺术装饰用的灯具,如各种室内照明灯具、镇流器、启辉器等。常用的照明灯具有:白炽灯、荧光灯、高压汞灯、高压钠灯、卤钨灯和霓虹灯。

照明器具的防火主要应从灯具选型、安装、使用上采取相应的措施。

2)电气装置防火

电气装置是指相关电气设备的组合,具有为实现特定目的所需的相互协调的特性。包括开关防火、熔断器防火、继电器防火、接触器防火、启动器防火、漏电保护器防火、低压配电柜防火。

4.2.2 采暖系统及锅炉防火防爆

1. 采暖系统防火防爆

采暖是采用人工方法提供热量,使在较低的环境温度下,仍能保持适宜的工作或生活条件的一种技术手段。按设施的布置情况主要分集中采暖和局部采暖两大类。

采暖系统的防火防爆设计,主要是对具有一定危险性的生产厂房(库房)、汽车库等的采暖系统防火防爆设计。火灾危险性不同的建筑,对采暖也有不同的要求。

采暖系统的防火设计应按《建筑设计防火规范》以及《汽车库、修车库、停车场设计防火规范》等有关规范的规定执行。

1)选用采暖装置的原则

(1)甲、乙类厂房和甲、乙类库房内严禁采用明火和电热散热器采暖。因为用明火或电热散热器的采暖系统,其热风管道可能被烧坏,或者带入火星与易燃易爆气体或蒸气接触,易引起爆炸火灾事故。

(2)散发可燃粉尘、可燃纤维的生产厂房对采暖的要求

①为防止纤维或粉尘积集在管道和散热器上受热自燃,散热器表面平均温度不应超过 82.5 ℃(相当于供水温度 95 ℃,回水温度 70 ℃)。但输煤廊的采暖散热器表面平均温度不应超过 130 ℃。

②散发物(包括可燃气体、蒸气、粉尘)与采暖管道和散热器表面接触能引起燃烧爆炸时,应采用不循环使用的热风采暖,且不应在这些房间穿过采暖管道,如必须穿过时,应用不燃烧材料隔热。

③不应使用肋形散热器,以防积聚粉尘。

(3)在生产过程中散发可燃气体、可燃蒸气、可燃粉尘、可燃纤维(CS_2 气体、黄磷蒸气及其粉尘等)与采暖管道、散热器表面接触能引起燃烧的厂房以及在生产过程中散发受到水、水蒸气的作用能引起自燃、爆炸的粉尘(生产和加工钾、钠、钙等物质)或产生爆炸性气体(电石、碳化铝、氢化钾、氢化钠、硼氢化钠等释放出的可燃气体)的厂房,应采用不循环使用的热风采暖,以防止此类场所发生火灾爆炸事故。

2)采暖设备的防火防爆措施

(1)采暖管道要与建筑物的可燃构件保持一定的距离

采暖管道穿过可燃构件时,要用不燃烧材料隔开绝热;或根据管道外壁的温度,在管道与可燃构件之间保持适当的距离。当管道温度大于 100 ℃ 时,距离不小于 100 mm 或采用不燃材料隔热;当温度小于等于 100 ℃ 时,距离不小于 50 mm。

(2)加热送风采暖设备的防火设计

①电加热设备与送风设备的电气开关应有连锁装置,以防风机停转时,电加热设备仍单独继续加热,温度过高而引起火灾。

②在重要部位,应设感温自动报警器;必要时加设自动防火阀,以控制取暖温度,防止过热起火。

③装有电加热设备的送风管道应用不燃材料制成。

(3)甲、乙类厂房、仓库的火灾发展迅速、热量大,采暖管道和设备的绝热材料应采用不燃材料,以防火灾沿着管道的绝热材料迅速蔓延到相邻房间或整个房间。对于其他建筑,可采用燃烧毒性小的难燃绝热材料,但应首先考虑采用不燃材料。

（4）存在与采暖管道接触能引起燃烧爆炸的气体、蒸气或粉尘的房间内不应穿过采暖管道，当必须穿过时，应采用不燃材料隔热。

（5）车库采暖设备的防火设计：

根据《汽车库、修车库、停车场设计防火规范》的有关规定，车库的采暖设施的防火设计应符合下列要求：

①车库内应设置热水、蒸气或热风等采暖设备，不应用火炉或其他明火采暖方式，以防火灾事故的发生。

②下列汽车库或修车库需要采暖时应设集中采暖：

a. 甲、乙类物品运输车的汽车库；

b. Ⅰ、Ⅱ、Ⅲ类汽车库；

c. Ⅰ、Ⅱ类修车库。

3）Ⅳ类汽车库、Ⅲ、Ⅳ类修车库，当采用集中采暖有困难时，可采用火墙采暖，但对容易暴露明火的部位，如炉门、节风门、除灰门，严禁设在汽车库、修车库内，必须设置在车库外。汽车库采暖部位不应贴邻甲、乙类生产厂房、库房布置，以防燃烧、爆炸事故的发生。

2. 锅炉房防火防爆

通常为民用建筑服务的锅炉房，都是为建筑采暖提供热源，一般以热水或蒸气锅炉应用较多。

1）锅炉房的火灾危险性

锅炉房的火灾危险性属于丁类生产厂房，但根据锅炉的燃料不同，锅炉房的建筑的耐火等级应符合《建筑设计防火规范》的要求，燃油和燃煤锅炉房分别为一、二级。但如装设总额定蒸发量不超过 4.00 t/h、以煤为燃料的锅炉房，可采用三级耐火等级建筑。

燃油锅炉的油箱间、油泵间、油料加热间的火灾危险性，为丙类生产厂房，建筑物耐火等级不低于二级。

2）锅炉房防火防爆措施

（1）在总平面布局中，锅炉房应选择在主体建筑的下风或侧风方向，且应考虑到由于明火或烟囱飞火，对周围的甲、乙类生产厂房，易燃物品和重要物资仓库，易燃液体储罐，以及稻草和露天粮、棉、木材堆场等部位必须保持的防火间距，可以根据《建筑设计防火规范》的有关规定确定，一般为 25～50 m。燃煤锅炉房与煤堆场之间应保持 6～8 m 的防火间距。灰煤与煤堆之间，应保持不小于 10 m 的间距。燃烧易燃油料或液化石油气的锅炉房与储罐之间的防火间距，应根据储量按《建筑设计防火规范》的有关规定确定。单台蒸汽锅炉的蒸发量不大于 4 t/h 或单台热水锅炉额定热功率不大于 2.8 MW 的燃煤锅炉房与民用建筑的防火间距，可根据锅炉房的耐火等级按《建筑设计防火规范》中有关民用建筑的规定确定。燃油或燃气锅炉房、蒸发量或额定热功率大于《建筑设计防火规范》规定的燃煤锅炉房与民用建筑的防火间距,应符合《建筑设计防火规范》中有关丁类厂房的规定。

（2）锅炉房宜独立建造。当确有困难时可贴邻民用建筑布置,但应采用防火墙隔开,且不应贴邻人员密集场所。燃油或燃气锅炉受条件限制必须布置在民用建筑内时,不应布置在人员密集场所的上一层、下一层或贴邻,并应符合下列规定:

①燃油和燃气锅炉房应设置在首层或地下一层靠外墙部位,但常（负）压燃油、燃气锅炉可设置在地下二层,当常（负）压燃气锅炉距安全出口的距离大于 6.0 m 时,可设置在屋顶上。当锅炉房设在楼顶时,其顶板应做成双浇混凝土加厚处理,提高耐火极限。

燃油锅炉应采用丙类液体作燃料。采用相对密度（与空气密度的比值）大于等于 0.75 的可燃气体为燃料的锅炉,不得设置在地下或半地下建筑（室）内。

②锅炉房的门应直通室外或直通安全出口;外墙开口部位的上方应设置宽度不小于 1.0 m 的不燃性防火挑檐或高度不小于 1.2 m 的窗槛墙。

③锅炉房与其他部位之间应采用耐火极限不低于 2.00 h 的不燃性隔墙和 1.50 h 的不燃性楼板隔开。在隔墙和楼板上不应开设洞口,当必须在隔墙上开设门窗时,应设置甲级防火门窗。

④当锅炉房内设置储油间时,其总储存量不应大于 1.00 m³,且储油间应采用防火墙与锅炉间隔开;当必须在防火墙上开门时,应设置甲级防火门。

⑤锅炉的容量应符合现行国家标准《锅炉房设计规范》GB 50041 的有关规定。

⑥应设置火灾报警装置和与锅炉容量及建筑规模相适应的灭火设施。

⑦燃气锅炉房应设置防爆泄压设施。燃油、燃气锅炉房应有良好的自然通风或机械通风设施。燃气锅炉房应选用防爆型的事故排风机。设置机械通风设施时,其机械通风装置应设置导除静电的接地装置,通风量应符合相关规定。

3）锅炉房为多层建筑时,每层至少应有两个出口,分别设在两侧,并设置安全疏散楼梯直达各层操作点。锅炉房前端的总宽度不超过 12 m,面积不超过 200 m² 的单层锅炉房,可以开一个门。锅炉房通向室外的门应向外开,在锅炉运行期间不得上锁或闩住,确保出入口畅通无阻。

4）锅炉的燃料供给管道应在进入建筑物前和设备间内的管道上设置自动和手动切断阀。储油间的油箱应密闭且应设置通向室外的通气管,通气管应设置带阻火器的呼吸阀,油箱的下部应设置防止油品流散的设施。燃气供给管道的敷设应符合现行国家标准《城镇燃气设计规范》GB 50028 的规定。

5）油箱间、油泵间、油加热间应用防火墙与锅炉间及其他房间隔开,门窗应对外开启,不得与锅炉间相连通,室内的电气设备应为防爆型。

6)锅炉房电力线路不宜采用裸线或绝缘线明敷,应采用金属管或电缆布线,且不宜沿锅炉烟道、热水箱和其他载热体的表面敷设,电缆不得在煤场下通过。

4.2.3 通风与空调系统防火防爆

建筑物内的通风和空调系统给人们的工作和生活创造了舒适的环境条件,但如系统设计不当,不仅设备本身存有火险隐患,通风和空气调节系统的管道还将成为火灾在建筑物内蔓延传播的重要途径,由于这类管道纵横交错贯穿于建筑物中,火灾由此蔓延的后果极为严重。在散发可燃气体、可燃蒸气和粉尘的厂房内,加强通风,及时排除空气中的可燃有害物质,是一项很重要的防火防爆措施。

通风、空调系统的防火设计应按《建筑设计防火规范》、《人民防空工程设计防火规范》以及《汽车库、修车库、停车场设计防火规范》的有关规定执行。

1. 通风、空调系统的防火防爆原则

1)甲、乙类生产厂房中排出的空气不应循环使用,以防止排出的含有可燃物质的空气重新进入厂房,增加火灾危险性。丙类生产厂房中排出的空气,如含有燃烧或爆炸危险的粉尘、纤维(如棉、毛、麻等),易造成火灾的迅速蔓延,应在通风机前设滤尘器对空气进行净化处理,并应使空气中的含尘浓度低于其爆炸下限的25%之后,再循环使用。

2)甲、乙类生产厂房用的送风和排风设备不应布置在同一通风机房内,且其排风设备也不应和其他房间的送、排风设备布置在一起。因为甲、乙类生产厂房排出的空气中常常含有可燃气体、蒸气和粉尘,如果将排风设备与送风设备或与其他房间的送、排风设备布置在一起,一旦发生设备事故或起火爆炸事故,这些可燃物质将会沿着管道迅速传播,扩大灾害损失。

3)通风和空气调节系统的管道布置,横向宜按防火分区设置,竖向不宜超过5层,以构成一个完整的建筑防火体系,防止和控制火灾的横向、竖向蔓延。当管道在防火分隔处设置防止回流设施或防火阀,且高层建筑的各层设有自动喷水灭火系统时,能有效地控制火灾蔓延,其管道布置可不受此限制。穿过楼层的垂直风管要求设在管井内。

(1)增加各层垂直排风支管的高度,使各层排风支管穿越2层楼板。

(2)排风总竖管直通屋面,小的排风支管分层与总竖管连通。

(3)将排风支管顺气流方向插入竖风道,且支管到支管出口的高度不小于600 mm。

(4)在支管上安装止回阀。

4)有爆炸危险的厂房内的排风管道,严禁穿过防火墙和有爆炸危险的车间隔墙等防火分隔物,以防止火灾通过风管道蔓延扩大到建筑的其他部分。

5）民用建筑内存放容易起火或爆炸物质的房间（如容易放出可燃气体氢气的蓄电池室、甲类液体的小型零配件、电影放映室、化学实验室、化验室、易燃化学药品库等），设置排风设备时应采用独立的排风系统，且其空气不应循环使用，以防止易燃易爆物质或发生的火灾通过风道扩散到其他房间。此外，其排风系统所排出的气体应通向安全地点进行泄放。

6）排除含有比空气轻的可燃气体与空气的混合物时，其排风管道应顺气流方向向上坡度敷设，以防在管道内局部积聚而形成有爆炸危险的高浓度气体。

7）排风口设置的位置应根据可燃气体、蒸气的密度不同而有所区别。比空气轻者，应设在房间的顶部；比空气重者，则应设在房间的下部，以利及时排出易燃易爆气体。进风口的位置应布置在上风方向，并尽可能远离排气口，保证吸入的新鲜空气中，不再含有从房间排出的易燃、易爆气体或物质。

8）可燃气体管道和甲、乙、丙类液体管道不应穿过通风管道和通风机房，也不应沿通风管道的外壁敷设，以防甲、乙、丙类液体管道一旦发生火灾事故沿着通风管道蔓延扩散。

9）含有爆炸危险粉尘的空气，在进入排风机前应先进行净化处理，以防浓度较高的爆炸危险粉尘直接进入排风机，遇到火花发生事故；或者在排风管道内逐渐沉积下来自燃起火和助长火势蔓延。

10）有爆炸危险粉尘的排风机、除尘器应与其他一般风机、除尘器分开设置，且应按单一粉尘分组布置，这是因为不同性质的粉尘在一个系统中，容易发生火灾爆炸事故。如硫磺与过氧化铅、氯酸盐混合物能发生爆炸；碳黑混入氧化剂自燃点会降低。

11）净化有爆炸危险粉尘的干式除尘器和过滤器，宜布置在厂房之外的独立建筑内，且与所属厂房的防火间距不应小于 10 m，以免粉尘一旦爆炸波及厂房扩大灾害损失。符合下列条件之一的干式除尘器和过滤器，可布置在厂房的单独房间内，但应采用耐火极限分别不低于 3.00 h 的隔墙和 1.50 h 的楼板与其他部位分隔。

（1）有连续清尘设备。

（2）风量不超过 15 000 m³/h，且集尘斗的储尘量小于 60 kg 的定期清灰的除尘器和过滤器。

12）有爆炸危险的粉尘和碎屑的除尘器、过滤器和管道，均应设有泄压装置，以防一旦发生爆炸造成更大的损害。净化有爆炸危险的粉尘的干式除尘器和过滤器，应布置在系统的负压段上，以避免其在正压段上漏风而引起事故。

13）甲、乙、丙类生产厂房的送、排风管道宜分层设置，以防止火灾从起火层通过管道向相邻层蔓延扩散。但进入厂房的水平或垂直送风管设有防火阀时，各层的水平或垂直送风管可合用一个送风系统。

14)排除有燃烧、爆炸危险的气体、蒸气和粉尘的排风管道应采用易于导除静电的金属管道,应明装不应暗设,不得穿越其他房间,且应直接通到室外的安全处,尽量远离明火和人员通过或停留的地方,以防止管道渗漏发生事故时造成更大影响。

15)通风管道不宜穿过防火墙和不燃性楼板等防火分隔物。如必须穿过时,应在穿过处设防火阀;在防火墙两侧各 2 m 范围内的风管保温材料应采用不燃材料;并在穿过处的空隙用不燃材料填塞,以防火灾蔓延。有爆炸危险的厂房,其排风管道不应穿过防火墙和车间隔墙。

2. 通风、空调设备防火防爆措施

根据《建筑设计防火规范》、《人民防空工程设计防火规范》和《汽车库、修车库、停车场设计防火规范》的有关规定,建筑的通风、空调系统的设计应符合下列要求:

1)空气中含有容易起火或爆炸物质的房间,其送、排风系统应采用防爆型的通风设备和不会发生火花的材料(如可采用有色金属制造的风机叶片和防爆的电动机)。

2)含有易燃、易爆粉尘(碎屑)的空气,在进入排风机前应采用不产生火花的除尘器进行处理,以防止除尘器工作过程中产生火花引起粉尘、碎屑燃烧或爆炸事故。对于遇湿可能形成爆炸的粉尘(如电石、锌粉、铝镁合金粉等),严禁采用湿式除尘器。

3)排除、输送有燃烧、爆炸危险的气体、蒸气和粉尘的排风系统,应采用不燃材料并设有导除静电的接地装置。其排风设备不应布置在地下、半地下建筑(室)内,以防止有爆炸危险的蒸气和粉尘等物质的积聚。

4)排除、输送温度超过 80 ℃ 的空气或其他气体以及容易起火的碎屑的管道,与可燃或难燃物体之间应保持不小于 150 mm 的间隙,或采用厚度不小于 50 mm 的不燃材料隔热,以防止填塞物与构件因受这些高温管道的影响而导致火灾。当管道互为上下布置时,表面温度较高者应布置在上面。

5)下列任何一种情况下的通风、空气调节系统的送、回风管道上应设置防火阀:

(1)送、回风总管穿越防火分区的隔墙处,主要防止防火分区或不同防火单元之间的火灾蔓延扩散。

(2)穿越通风、空气调节机房及重要的房间(如重要的会议室、贵宾休息室、多功能厅、贵重物品间等)或火灾危险性大的房间(如易燃物品实验室、易燃物品仓库等)隔墙及楼板处的送、回风管道,以防机房的火灾通过风管蔓延到建筑物的其他房间,或者防止火灾危险性大的房间发生火灾时经通风管道蔓延到机房或其他部位。

(3)多层建筑和高层建筑垂直风管与每层水平风管交接处的水平管段上,以防火灾穿过楼板蔓延扩大。但当建筑内每个防火分区的通风、空气调节系统均独立设置时,该防火分区内的水平风管与垂直总管的交接处可不设防火阀。

（4）在穿越变形缝的两侧风管上各设一个防火阀，以使防火阀在一定时间内达到耐火完整性和耐火稳定性要求，起到有效隔烟阻火的作用。

6）防火阀的设置应符合下列规定：

（1）有熔断器的防火阀，其动作温度宜为 70 ℃。

（2）防火阀宜靠近防火分隔处设置。

（3）防火阀安装时，可明装也可暗装。当防火阀暗装时，应在安装部位设置方便检修的检修口。

（4）为保证防火阀能在火灾条件下发挥作用，穿过防火墙两侧各 2 m 范围内的风管绝热材料应采用不燃材料且具备足够的刚性和抗变形能力，穿越处的空隙应用不燃材料或防火封堵材料严密填实。

（5）有关防火阀的分类见表 4.1 。

表 4.1　防火阀、防排烟阀的基本分类

类别	名　称	性　　　能	用　途
防火类	防火阀	采用 70 ℃温度熔断器自动关闭（防火），可输出联动信号	用于通风空调系统风管内，防止火势沿风管蔓延
	防烟防火阀	靠烟感探测器控制动作，用电讯号通过电磁铁关闭（防烟）；还可采用 70 ℃温度熔—断器自动关闭（防火）	用于通风空调系统风管内，防止烟火蔓延
	防火调节阀	70 ℃时自动关闭，手动复位，0~90 ℃无级调节，可以输出关闭电讯号	用于通风空调系统风管内，防止烟火蔓延
防烟类 I	加压送风口	靠烟感探测器控制，电讯号开启，也可手动（或远距离缆绳）开启，可设 280 ℃温度熔断器重新关闭，用于排烟系统风管上闭装置，输出动作电讯号，联动送风机开启	用于加压送风系统的风口，起赶烟、排烟作用
排烟类	排烟阀	电讯号开启或手动开启，输出开启电讯号联动排烟机开启	用于排烟系统风管上
	排烟防火阀	电讯号开启，手动开启，采用 280 ℃温度熔断器重新关闭，输出动作电讯号	用于排烟房间吸入口管道或排烟支管上
	排烟口	电讯号开启，手动（或远距离缆绳）开启，输出电讯号联动排烟机	用于排烟房间的顶棚或墙壁上，可设 280 ℃重新关闭装置
	排烟窗	靠烟感探测器控制动作，电讯号开启，还可缆绳手动开启	用于自然排烟处的外墙上

7）防火阀的易熔片或其他感温、感烟等控制设备一经动作，应能顺气流方向自行严密关闭，并应设有单独支吊架等防止风管变形而影响关闭的措施。

其他感温元件应安装在容易感温的部位，其作用温度应比通风系统正常工作时的最高温度约高 25 ℃，一般可采用 70 ℃。

8）通风、空气调节系统的风管、风机等设备应采用不燃烧材料制作，但接触腐蚀性介质的风管和柔性接头，可采用难燃材料。体育馆、展览馆、候机（车、船）楼（厅）等大空间建筑、办公楼和丙、丁、戊类厂房内的通风、空气调节系统，当风管按防火分区设置且设置了防烟防火阀时,可采用燃烧产物毒性较小且烟密度等级≤25 的难燃材料。

9)公共建筑的厨房、浴室、卫生间的垂直排风管道,应采取防止回流设施或在支管上设置防火阀。公共建筑的厨房的排油烟管道宜按防火分区设置,且在与垂直排风管连接的支管处应设置当作温度为 150 ℃ 的防火阀,以免影响平时厨房操作中的排风。

10)风管和设备的保温材料、用于加湿器的加湿材料、消声材料(超细玻璃棉、玻璃纤维、岩棉、矿渣棉等)及其粘结剂,宜采用不燃烧材料,当确有困难时,可采用燃烧产物毒性较小且烟密度等级≤50 的难燃烧材料(如自熄性聚氨酯泡沫塑料、自熄性聚苯乙烯泡沫塑料等),以减少火灾蔓延。

有电加热器时,电加热器的开关和电源开关应与风机的启停连锁控制,以防止通风机已停止工作,而电加热器仍继续加热导致过热起火,电加热器前后各 0.8 m 范围内的风管和穿过设有火源等容易起火房间的风管,均必须采用不燃烧保温材料,以防电加热器过热引起火灾。

11)燃油、燃气锅炉房在使用过程中存在逸漏或挥发的可燃性气体,要在燃油、燃气锅炉房内保持良好的通风条件,使逸漏或挥发的可燃性气体与空气混合气体的浓度能很快稀释到爆炸下限值的 25%以下。

锅炉房应选用防爆型的事故排风机。可采用自然通风或机械通风,当设置机械通风设施时,该机械通风设备应设置导除静电的接地装置,通风量应符合下列规定:

(1)燃油锅炉房的正常通风量按换气次数不少于 3 次/h 确定。

(2)燃气锅炉房的正常通风量按换气次数不少于 6 次/h 确定,事故通风量为正常通风量的 2 倍。

12)电影院的放映机室宜设置独立的排风系统。当需要合并设置时,通向放映机室的风管应设置防火阀。

13)设置气体灭火系统的房间,因灭火后产生大量气体,人员进入之前需将这些气体排出,应设置有排除废气的排风装置;为了不使灭火气体扩散到其他房间,与该房间连通的风管应设置自动阀门,火灾发生时,阀门应自动关闭。

14)车库的通风、空调系统的设计应符合下列要求:

(1)设置通风系统的汽车库,其通风系统应独立设置,不应和其他建筑的通风系统混设,以防止积聚油蒸气而引起爆炸事故。

(2)喷漆间、电瓶间均应设置独立的排气系统,乙炔站的通风系统设计应按现行国家标准《乙炔站设计规范》GB 50031 的规定执行。

(3)风管应采用不燃材料制作,且不应穿过防火墙、防火隔墙,当必须穿过时,除应采用不燃材料将孔洞周围的空隙紧密填塞外,还应在穿过处设置防火阀。防火阀的动作温度宜为 70 ℃。

（4）风管的保温材料应采用不燃或难燃材料；穿过防火墙的风管，其位于防火墙两侧各 2 m 范围内的保温材料应为不燃材料。

4.2.4 厨房设备防火防爆

厨房作为餐饮场所的重要特殊用房，可以按照《建筑设计防火规范》进行设计。

1. 厨房的火灾危险性

1）燃料多。厨房是使用明火进行作业的场所，所用的燃料一般有液化石油气、煤气、天然气、炭等，若操作不当，很容易引起泄漏、燃烧和爆炸。

2）油烟重。厨房常年与煤炭、气火打交道，场所环境一般较湿，在这种条件下，燃料燃烧过程中产生的不均匀燃烧物及油蒸汽蒸发产生的油烟很容易积聚，形成一定厚度的可燃物油层和粉尘附着在墙壁、油烟管道和抽油烟机的表面，如不及时清洗，就有可能引起火灾。

3）电气线路隐患大。在有些厨房，仍然存在装修用铝芯线代替铜芯线，电线不穿管、电闸不设后盖的现象。这些设施在水电、油烟的长期腐蚀下，很容易发生漏电、短路起火。另外厨房内运行的机器比较多，超负荷现象严重，特别是一些大功率电器设备，在使用过程中会因电流过载引发火灾。

4）灶具器具易引发事故。灶具和餐具若使用不当，极易引发厨房火灾。生活中因高压锅、蒸汽锅、电饭煲、冷冻机、烤箱等操作不当引发火灾的案例不在少数。

5）用油不当引发火灾。厨房用油大致分为两种，一是燃料用油，二是食用油。燃料用油指的是柴油、煤油，大型宾馆和饭店主要用柴油。柴油闪点较低，在使用过程中因调火、放置不当等原因很容易引发火灾。

2. 厨房设备防火防爆措施

1）根据《建筑设计防火规范》规定，除住宅外，其他建筑内的厨房隔墙应采用耐火极限不低于 2.00 h 的不燃烧体，隔墙上的门窗应为乙级防火门窗。同时，餐厅建筑面积大于 1 000 m² 的餐馆或食堂，其烹饪操作间的排油烟罩及烹饪部位宜设置自动灭火装置，且应在燃气或燃油管道上设置紧急事故自动切断装置。由于厨房环境温度较高，其洒水喷头选择也应符合其工作环境温度要求，应选用公称动作温度为 93 ℃ 的喷头，颜色为绿色。

2）对厨房内燃气、燃油管道、阀门必须进行定期检查，防止泄漏。如发现燃气泄漏应首先关闭阀门，及时通风，并严禁使用任何明火和启动电源开关。

3）厨房灶具旁的墙壁、抽油烟机罩等容易污染处应天天清洗，油烟管道清洗至少应每半年一次。

4）厨房内的电器设施应严格按照国家技术标准设置，电器开关、插座等，应以封闭为佳,防止水渗入,并应安装在远离燃油、燃气设备的部位;厨房内运行的各种机械设备不得超负荷用电,并注意使用过程中防止电器设备和线路受潮。

5)厨房内使用的各种灶具和炊具,应该使用经国家质量检测部门检测合格的产品。

6)工作结束后,操作人员应及时关闭所有燃气燃油阀门,切断电源、火源。

4.3 消防用电及负荷等级

消防电梯、消防灭火系统、自动火灾报警系统、消防控制室及消防联动控制系统需要电能才能更好地工作。

1. 消防用电负荷

消防用电分为一级负荷、二级负荷及三级负荷。

1)一级用电负荷

一级负荷应由两个电源供电,且两个电源要符合下列条件之一:

(1) 两个电源之间无联系。

(2) 两个电源有直接联系,但符合下列要求:

①任一电源发生故障时,两个电源的任何部分均不会同时损坏;

②发生任何一种故障且保护装置正常时,有一个电源不中断供电,并且在发生任何一种故障且主保护装置失灵以至两个电源均中断供电后,应能在有人员值班处所完成各种必要操作,迅速恢复一个电源供电。

(3)针对消防用电设备的特点,下列供电方式可视为一级负荷供电:

①电源一个来自区域变电站(电压在 35 kV 及以上),同时另设一台自备发电机组;

②电源来自两个区域变电站。

2)二级用电负荷

(1)二级负荷包括范围比较广,停电造成的损失较大的场所,采用两回线路供电,且变压器为两台(两台变压器可不在同一变电所);

(2)负荷较小或地区供电条件较困难的条件下,允许有一回 6 kV 以上专线架空线或电缆供电。

当采用架空线时,可为一回路架空线供电;当用电缆线路供电时,由于电缆发生故障恢复时间和故障点排查时间长,故应采用两个电缆组成的线路供电,并且每个电缆均应能承受 100%的二级负荷。

3)三级用电负荷

除一、二级负荷之外的一般负荷,这级负荷短时停电造成的损失不大。

2. 消防负荷的设置

1）一级负荷

建筑高度大于 50 m 的乙、丙类生产厂房和丙类物品库房，一类高层民用建筑，一级大型石油化工厂，大型钢铁联合企业，大型物资仓库等应按一级负荷供电。

2）二级负荷

下列建筑物、储罐（区）和堆场的消防用电应按二级负荷供电：

室外消防用水量大于 30 L/s 的厂房（仓库），室外消防用水量大于 35 L/s 的可燃材料堆场、可燃气体储罐（区）和甲、乙类液体储罐（区），粮食仓库及粮食筒仓，二类高层民用建筑，座位数超过 1 500 个的电影院、剧场，座位数超过 3 000 个的体育馆，任一层建筑面积大于 3 000 m² 的商店和展览建筑，省（市）级及以上的广播电视、电信和财贸金融建筑，室外消防用水量大于 25 L/s 的其他公共建筑。

3）三级消防负荷

三级消防用电设备采用专用的单回路电源供电，并在其配电设备设有明显标志。其配电线路和控制回路应按照防火分区进行划分。

消防水泵、消防电梯、防排烟风机等消防设备，应急电源可采用第二路电源、带自启动的应急发电机组或由二者组成的系统供电方式。

消防控制室、消防水泵、消防电梯、防烟排烟风机等的供电，要在最末一级配电箱处设置自动切换装置。切换部位是指各自的最末一级配电箱，如消防水泵应在消防水泵房的配电箱处切换；消防电梯应在电梯机房配电箱处切换。

3. 消防备用电源

消防备用电源有应急发电机组、消防应急电源等。在特定防火对象的建筑物内，消防备用电源种类不是单一的，多采用几个电源的组合方案。

4. 消防应急电源

消防应急电源是指平时以市政电源给蓄电池充电，市电失电后利用蓄电池放电而继续供电的备用电源装置。

5 建筑消火栓给水系统

建筑消防系统根据使用灭火剂的种类和灭火方式可分为三种灭火系统,消火栓给水系统、自动喷水灭火系统和其他使用非水灭火剂的固定灭火系统,如二氧化碳灭火系统、干粉灭火系统、卤代烷灭火系统等。

按区域划分,消火栓系统可分为市政消火栓给水系统和建筑消火栓给水系统;按消火栓的设置位置可分为室外消火栓给水系统和室内消火栓给水系统。

5.1 建筑消火栓给水系统基本组成

建筑消火栓给水系统设施包括消防水源、消防水泵、消防增(稳)压设施(消防气压罐)、高位消防水箱、水泵接合器和消防给水管网等,如图 5.1 所示。

5.1.1 消防水源

消防水源是向水灭火设施、车载或手抬等移动消防水泵、固定消防泵等提供消防用水的水源,包括市政给水、消防水池、高位消防水池和天然水源等。严寒、寒冷等冬季结冰地区的消防水池、水塔和高位消防水池应采用防冻措施。

消防水源的水质应满足水灭火设施的功能要求,市政给水、消防水池、天然水源等可作为消防水源,并宜采用市政给水。雨水清水池、中水清水池、水景和游泳池可作为备用消防水源,当它们必须作为消防水源时,应有保证在任何情况下均能满足消防给水系统所需要的水量和水质的技术措施。消防给水管道内平时所充水的 pH 值应为 6.0~9.0。

1. 市政给水

当市政给水管网连续供水时,消防给水系统可采用市政给水管网直接供水。用作消防供水的市政给水管网应符合下列要求:

(1)市政给水厂应至少有两条输水干管向市政给水管网输水;

(2)市政给水管网应为环状管网;

(3)应至少有两条不同的市政给水干管上不少于两条引入管向消防给水系统供水。

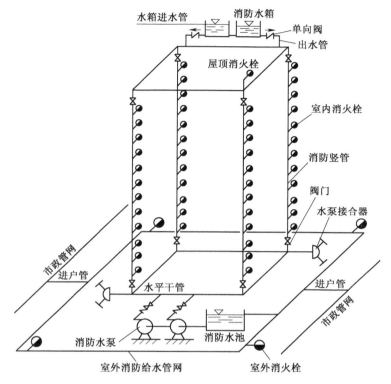

图 5.1　消火栓给水系统组成示意图

2. 消防水池

消防水池用于无室外消防水源情况下,贮存火灾持续时间内的消防用水量。消防水池可设于室外地下或地面上,也可设在室内地下室,或与室内游泳池、水景水池兼用。根据各种用水系统的供水水质要求是否一致,可将消防水池与生活或生产贮水池合用,也可单独设置。

1)设置原则

符合下列规定之一时,应设置消防水池:

(1)当生产、生活用水量达到最大时,市政给水管网或引入管不能满足室内、室外消防用水量时。

(2)当采用一路消防供水或只有一条引入管,且室外消火栓设计流量大于20 L/s或建筑高度大于 50 m 时。

(3)市政消防给水设计流量小于建筑的消防给水设计流量时。

(4)消防用水与其他用水共用的水池,应采取确保消防用水量不作他用的技术措施。

2）消防水池有效容积的计算规定

（1）当市政给水管网能保证室外消防给水设计流量时，消防水池的有效容积应满足在火灾延续时间内室内消防用水量的要求。

（2）当室外给水管网不能保证室外消防用水量时，消防水池的有效容量应满足在火灾延续时间内建（构）筑物室内消防用水量和室外消防用水不足部分之和的要求。

（3）在火灾情况下能保证连续补水时，消防水池的容量可以减去火灾延续时间内补充的水量，消防水池的补水时间不宜超过 48 h。消防水池给水管管径应经计算确定，且不应小于 DN50 mm。

（4）当消防水池采用两路供水且在火灾情况下连续补水能满足消防要求时，消防水池的有效容积应根据计算确定，但不应小于 100 m³，当仅设有消火栓系统时不应小于 50 m³。

3）消防水池的消防贮水量

（1）火灾时消防水池连续补水应符合下列规定：

火灾延续时间内的连续补水流量应按消防水池最不利给水管供水量计算，并可按下式计算：

$$q_f = 3\ 600Av$$

式中　　q_f——火灾时消防水池的补水流量，m³/h；

　　　　A——消防水池给水管断面面积，m²；

　　　　v——管道内水的平均流速，m/s。

（2）消防水池的消防贮水量

$$V_f = 3.6(Q_f - q_f) \cdot T_x$$

式中　　V_f——消防水池贮存消防水量，m³；

　　　　Q_f——室内消防用水量与室外消防用水量之和，L/s；

　　　　q_f——市政管网可连续补充的水量，L/s；

　　　　T_x——火灾延续时间，h。

消防水池的总蓄水有效容积大于 500 m³ 时，宜设两个能独立使用的消防水池，并应设置满足最低有效水位的连通管；但当大于 1 000 m³ 时，应设置能独立使用的两座消防水池，每座消防水池应设置独立的出水管，并应设置满足最低有效水位的连通管。

3. 天然水源

1）井水

井水等地下水源可作为消防水源。

当井水作为消防水源向消防给水系统直接供水时,深井泵应能自动启动,并应符合下列规定:

(1)水井不应少于两眼,且每眼井的深井泵均应采用一级供电负荷时,可为两路消防供水。

(2)其他情况时可视为一路消防供水。

当井水作为消防水源时,还应设置探测水井水位的水位测试装置。

2)江河湖海水库等天然水源

江河湖海水库等天然水源,可作为城乡市政消防和建筑室外消防永久性天然消防水源,其设计枯水流量保证率应根据城乡规模和工业项目的重要性、火灾危险性和经济合理性等综合因素确定,宜为90%~97%。但村镇的室外消防给水水源的设计枯水流量保证率可根据当地水源情况适当降低。

当地表水作为室外消防水源时,应采取确保消防车、固定和移动消防水泵在枯水位取水的技术措施;当消防车取水时,最大吸水高度不应超过6.0 m。

5.1.2 供水设施

供水设施包括消防水泵、高位消防水箱、稳压泵、水泵接合器、消防水泵房等。

1. 消防水泵

消防水泵宜根据可靠性、安装场所、消防水源、消防给水设计流量和扬程等综合因素确定水泵的型式,水泵驱动器宜采用电动机或柴油机直接传动,消防水泵不应采用双电动机或基于柴油机等组成的双动力驱动水泵。

消防水泵机组应由水泵、驱动器和专用控制柜等组成;一组消防水泵可由同一消防给水系统的工作泵和备用泵组成。单台消防水泵的最小额定流量不应小于10 L/s,最大额定流量不宜大于320 L/s。

1)消防水泵的性能应满足消防给水系统所需流量和压力的要求

(1)消防水泵的流量公式

$$Q_{xb} = \frac{Q_x}{N_x}$$

式中　Q_{xb}——消防水泵的流量,L/s;

　　　Q_x——消防用水总量,L/s;

　　　N_x——消防水泵台数。

(2)消防水泵的扬程公式

$$H_{xb} = H_{xh} + h_{xg} + H_z$$

式中　H_{xb}——消防水泵的扬程,kPa;

　　　H_{xh}——最不利点处消火栓栓口的水压,kPa;

h_{xg}——计算管路的水头损失,kPa;

H_z——消防水池最低水位与最不利点消火栓之压差,kPa。

2)消防水泵的一般设置要求

(1)消防水泵应设置备用泵,其性能应与工作泵性能一致,但下列情况除外:

①除建筑高度超过 50 m 的其他建筑室外消防给水设计流量小于等于25 L/s时;

②室内消防给水设计流量小于等于 10 L/s 时。

(2)消防水泵应采取自灌式吸水;消防水泵从市政管网直接抽水时,应在消防水泵出水管上设置减压型倒流防止器。

2. 高位消防水箱

消防水箱是设置在高处直接向水灭火设施重力供应初期火灾消防用水量的储水设施。按照我国建筑设计防火规范规定,消防水箱应贮存 10 min 的室内消防用水总量,以供扑救初期火灾之用。高层民用建筑、总建筑面积大于 10 000 m² 且层数超过 2 层的公共建筑和其他重要建筑,必须设置高位消防水箱。

1)消防贮水量

消防贮水量的计算公式为:

$$V_x = 0.6Q_x$$

式中　V_x ——消防水箱内储存的消防用水量,m³;

Q_x ——室内消防用水总量,L/s;

0.6——单位换算系数。

2)临时高压消防给水系统的高位消防水箱的有效容积应满足初期火灾消防用水量的要求,并应符合下列规定:

(1)一类高层公共建筑不应小于 36 m³,但当建筑高度大于 100 m 时不应小于 50 m³,当建筑高度大于 150 m 时不应小于 100 m³;

(2)多层公共建筑、二类高层公共建筑和一类高层居住建筑不应小于 18 m³,当一类住宅建筑高度超过 100 m 时不应小于 36 m³;

(3)二类高层住宅不应小于 12 m³;

(4)建筑高度大于 21 m 的多层住宅建筑不应小于 6 m³;

(5)工业建筑室内消防给水设计流量当小于等于 25 L/s 时不应小于 12m³,大于 25 L/s 时不应小于 18 m³;

(6)总建筑面积大于 10 000 m² 且小于 30 000 m² 的商店建筑不应小于 36 m³,总建筑面积大于 30 000 m² 的店不应小于 50 m³,当与本条第(1)款规定不一致时应取其较大值。

3. 稳压泵

稳压泵是指在消防给水系统中用于稳定平时最不利点水压的给水泵。稳压泵通常是选用小流量、高扬程的水泵。消防稳压泵也应设置备用泵,通常可按一用一备选用。

对于采用临时高压消防给水系统的高层或多层建筑,当消防水箱设置高度不能满足系统最不利点灭火设备所需的水压要求时,应设置增压稳压设备。增压稳压设备一般由隔膜式气压罐、稳压泵、管道附件及控制装置组成。

1)稳压泵的工作原理

它是由 3 个压力控制点(P_1,P_2,P_3)分别和压力继电器相连接,用来控制稳压泵的工作。当它向管网中持续充水时,管网内压力升高,当达到设定的压力值 P_1(稳压上线)时,稳压泵停止工作。由于管网存在渗漏或其他原因导致管网压力逐渐下降,当降到设定压力值 P_2(稳压下线)时,则稳压泵再次启动。周而复始,从而使管网的压力始终保持在 $P_1 \sim P_2$ 之间。当稳压泵启动持续给管网补水,但管网压力还继续下降,则可认为有火灾发生,管网内的消防水正在被使用,因此,当压力继续降到设定压力值 P_3(消防主泵启动压力点)时,连锁启动消防主泵,同时稳压泵停止。

2)稳压泵流量和扬程的确定

(1)稳压泵流量的确定

消防给水系统消防稳压泵的流量应按系统的渗透流量计算确定。喷淋消防稳压泵的流量宜为 1 L/s,并不宜大于一只喷头的流量;消火栓给水系统的消防稳压泵,其流量不应大于 5 L/s,消火栓给水系统与自动喷水灭火系统合用的消防稳压泵宜为 3 L/s。

(2)稳压泵扬程的确定

在稳高压消防给水系统中,消防稳压泵的扬程应大于消防泵的扬程。设计可参考下列控制方法确定扬程:在稳高压消防给水系统中,消防稳压泵启动的压力值、消防稳压泵的停止压力值和联动消防泵启动压力值的差值应不小于 0.05 MPa。当设有高位消防水箱时,其设定值均应大于高位消防水箱底到最不利点的高程差。

3)稳压泵的其他规定

(1)稳压泵宜采用离心泵,并宜符合下列规定:

①宜采用单吸单级或单吸多级离心泵;

②泵外壳和叶轮等主要部件的材质宜采用不锈钢。

(2)稳压泵的设计流量应符合下列规定:

①稳压泵的设计流量不应小于消防给水系统管网的正常泄漏量和系统自动启动流量;

②消防给水系统管网的正常泄漏量应根据管道材质、接口形式等确定,当没有管

网泄漏量数据时,稳压泵的设计流量宜按消防给水设计流量的 1%~3%计,且不宜小于 1 L/s;

③消防给水系统所采用报警阀压力开关等自动启动流量应根据产品确定。

(3) 稳压泵的设计压力应符合下列要求:

①稳压泵的设计压力应满足系统自动启动和管网充满水的要求;

②稳压泵的设计压力应保持系统自动启泵压力设置点处的压力在准工作状态时大于系统设置自动启泵压力值,且增加值宜为 0.07~0.10 MPa;

③稳压泵的设计压力应保持系统最不利点处水灭火设施的在准工作状态时的压力大于该处的静水压,且增加值不应小于 0.15 MPa。

(4)设置稳压泵的临时高压消防给水系统应设置防止稳压泵频繁启停的技术措施,当采用气压水罐时,其调节容积应根据稳压泵启泵次数不大于 15 次/h 计算确定,但有效储水容积不宜小于 150 L。

(5)稳压泵吸水管应设置明杆闸阀,稳压泵出水管应设置消声止回阀和明杆闸阀。

4. 消防水泵接合器

水泵接合器是供消防车向消防给水管网输送消防用水的预留接口。它既可用以补充消防水量,也可用于提高消防给水管网的水压。在火灾情况下,当建筑物内消防水泵发生故障或室内消防用水不足时,消防车从室外取水通过水泵接合器将水送到室内消防给水管网,供灭火使用。

1)水泵接合器的组成和分类

(1)水泵接合器的组成

水泵接合器是由阀门、安全阀、止回阀、栓口放水阀以及连接弯管等组成。在室外从水泵接合器栓口给水时,安全阀起到保护系统的作用,以防补水的压力超过系统的额定压力;水泵接合器设止回阀,以防止系统的给水从水泵接合器流出;为考虑安全阀和止回阀的检修需要,还应设置阀门。放水阀具有泄水的作用,用于防冻时使用。故水泵接合器的组件排列次序应合理,从水泵接合器给水的方向,依次是止回阀、安全阀、阀门。

(2)水泵接合器的分类

水泵接合器有地上式、地下式和墙壁式三种,以适应各种建筑物的需要。其设置应方便连接消防车水泵;距水泵接合器 15~40 m 范围内,应设置有室外消火栓或消防水池。

2)水泵接合器的设置要求

(1)下列场所的室内消火栓给水系统应设置消防水泵接合器:

①高层民用建筑;

②设有消防给水的住宅、超过五层的其他多层民用建筑；

③地下建筑和平战结合的人防工程；

④超过四层的厂房和库房，以及最高层楼板超过 20 m 的厂房或库房；

⑤四层以上多层汽车库和地下汽车库；

⑥城市市政隧道。

（2）自动喷水灭火系统、水喷雾灭火系统、泡沫灭火系统和固定消防炮灭火系统等水灭火系统，均应设置消防水泵接合器。

（3）消防水泵接合器的给水流量宜按每个 10～15 L/s 计算。消防水泵接合器设置的数量应按系统设计流量经计算确定，但当计算数量超过 3 个时，可根据供水可靠性适当减少；下列消防给水系统宜适当减少：

①市政给水管网 2 路直接供水的高压消防给水系统；

②高位消防水池、水塔 2 路供水的高压消防给水系统。

5. 消防水泵房

1）消防水泵房建筑条件规定

（1）独立建造的消防水泵房耐火等级不应低于二级，与其他产生火灾暴露危害的建筑的防火距离应根据计算确定，但不应小于 15 m，石油化工企业还应符合现行国家标准《石油化工企业设计防火规范》GB 50160 的有关规定。

（2）附设在建筑物内的消防水泵房，应采用耐火极限不低于 2.0 h 的隔墙和 1.50 h 的楼板与其他部位隔开，其疏散门应靠近安全出口，并应设甲级防火门。

（3）附设在建筑物内的消防水泵房，当设在首层时，其出口应直通室外；当设在地下室或其他楼层时，其出口应直通安全出口。

（4）独立消防水泵房的抗震应满足当地地震要求，且宜按本地区抗震设防烈度提高 1 度采取抗震措施，但不宜做提高一度抗震计算，并应符合现行国家标准《室外给水排水和燃气热力工程抗震设计规范》GB 50032 的有关规定。

2）消防水泵机组的布置规定

（1）相邻两个机组及机组至墙壁间的净距，当电机容量小于 22 kW 时，不宜小于 0.60 m；当电动机容量不小于 22 kW，且不大于 55 kW 时，不宜小于 0.8 m；当电动机容量大于 55 kW 且小于 255 kW 时，不宜小于 1.2 m；当电动机容量大于 255 kW 时，不宜小于 1.5 m；

（2）当消防水泵就地检修时，应至少在每个机组一侧设消防水泵机组宽度加 0.5 m 的通道，并应保证消防水泵轴和电动机转子在检修时能拆卸；

（3）消防水泵房的主要通道宽度不应小于 1.2 m。

3）消防水泵房的工作条件规定

（1）消防水泵房内的架空水管道，不应阻碍通道和跨越电气设备，当必须跨越

时,应采取保证通道畅通和保护电气设备的措施;

(2)消防水泵房的通风宜按 6 次/h 设计;

(3)消防水泵房应采取不被水淹没的技术措施。

4)通讯报警设备

消防水泵房应设有直通本单位消防控制中心或消防队的联络通讯设备。以便于发生火灾后及时与消防控制中心或消防队联络。

5.2 建筑室外消火栓给水系统

5.2.1 室外消火栓给水系统的组成和分类

室外消火栓系统的任务就是通过室外消火栓为消防车等消防设备提供消防用水,或通过进户管为室内消防给水设备提供消防用水。室外消防给水系统应满足火灾扑救时各种消防用水设备对水量、水压、水质的基本要求。

1. 室外消火栓给水系统组成

室外消火栓给水系统通常是指室外消防给水系统,它是设置在建筑物外墙外的消防给水系统,主要承担城市、集镇、居住区或工矿企业等室外部分的消防给水任务的工程设施。

室外消火栓给水系统由消防水源、消防供水设备、室外消防给水管网和室外消火栓灭火设施组成。室外消防给水管网包括进水管、干管和相应的配件、附件。室外消火栓灭火设施包括室外消火栓、水带、水枪等。

2. 室外消火栓给水系统分类

1)常高压消防给水系统

常高压消防给水系统管网内经常保持足够的压力和消防用水量。当火灾发生后,现场的人员可从设置在附近的消火栓箱内取出水带和水枪,将水带与消火栓栓口连接,接上水枪,打开消火栓的阀门,直接出水灭火。

2)临时高压消防给水系统

在临时高压消防给水系统中,系统设有消防泵,平时管网内压力较低。当火灾发生后,现场的人员可从设置在附近的消火栓箱内取出水带和水枪,将水带与消火栓栓口连接,接上水枪,打开消火栓的阀门,通知水泵房启动消防泵,使管网内的压力达到高压给水系统的水压要求,从而消火栓可投入使用。

3)低压消防给水系统

低压消防给水系统管网内的压力较低,当火灾发生后,消防队员打开最近的室外消火栓,将消防车与室外消火栓连接,从室外管网内吸水加入到消防车内,然后再利用消防车直接加压灭火,或者消防车通过水泵接合器向室内管网内加压供水。

5.2.2 室外消火栓系统的设置及给水管道布置

1. 室外消火栓系统的设置

1)设置范围

(1)在城市、居住区、工厂、仓库等的规划和建筑设计时,必须同时设计消防给水系统。城市、居住区应设市政消火栓。

(2)民用建筑、厂房(仓库)、储罐(区)、堆场应设室外消火栓。

(3)耐火等级不低于二级,且建筑物体积小于等于 3 000 m³ 的戊类厂房或居住区人数不超过 500 人且建筑物层数不超过两层的居住区,可不设置室外消防给水。

2)设置要求

(1)室外消火栓应沿道路设置,当道路宽度大于 60 m 时,宜在道路两边设置消火栓,并宜靠近十字路口。

(2)甲、乙、丙类液体储罐区和液化石油气储罐区的消火栓应设置在防火堤或防护墙外,距罐壁 15 m 范围内的消火栓,不应计算在该罐可使用的数量内。

(3)室外消火栓的间距不应大于 120 m。

(4)室外消火栓的保护半径不应大于 150 m,在市政消火栓保护半径 150 m 以内,当室外消防用水量小于等于 15 L/s 时,可不设置室外消火栓。

(5)室外消火栓的数量应按其保护半径和室外消防用水量等综合计算确定,每个室外消火栓的用水量应按 10~15 L/s 计算,与保护对象的距离在 5~40m 范围内的市政消火栓,可计入室外消火栓的数量内。

(6)室外消火栓宜采用地上式消火栓。地上式消火栓应有 1 个 DN150 mm 或 DN100 mm 和 2 个 DN65 mm 的栓口。采用室外地下式消火栓时,应有 DN100 mm 和 DN65 mm 的栓口各 1 个。寒冷地区设置的室外消火栓应有防冻措施。

(7)消火栓距路边不应大于 2 m,距房屋外墙不宜小于 5 m。

(8)工艺装置区内的消火栓应设置在工艺装置的周围,其间距不宜大于 60 m,当工艺装置区宽度大于 120 m 时,宜在该装置区内的道路边设置消火栓。

(9)建筑的室外消火栓、阀门、消防水泵接合器等设置地点应设置相应的永久性固定标识。

(10)寒冷地区设置市政消火栓、室外消火栓确有困难的,可设置水鹤等为消防车加水的设施,其保护范围可根据需要确定。

(11)室外消防给水引入管当设有减压型倒流防止器时,应在减压型倒流防止器前设置一个室外消火栓。

2. 消防供水管道

1）室外消防给水管道的布置要求

（1）室外消防给水管网应布置成环状，当室外消防用水量小于等于 15 L/s 时，可布置成枝状。

（2）向环状管网输水的进水管不应少于两条，当其中一条发生故障时，其余的进水管应能满足消防用水总量的供给要求。

（3）环状管道应采用阀门分成若干独立段，每段内室外消火栓的数量不宜超过 5 个。

（4）室外消防给水管道的直径不应小于 DN100 mm，有条件时，应不小于 150 mm。

（5）室外消防给水管道设置的其他要求应符合现行国家标准《室外给水设计规范》GB 50013 的有关规定。

2）管材和敷设

（1）管材。敷设在室外的消防给水管道可按下列要求选择：当工作压力小于或等于 0.60 MPa 时，室外埋地的消防给水管宜采用内搪水泥砂浆的给水铸铁管；当工作压力大于 0.60 MPa 时，宜采用给水球墨铸铁管或内外壁经防腐处理的钢管。

（2）敷设。室外消防给水管道在布置成环状的同时应合理设置阀门。阀门宜采用明杆，设置的位置可用以控制两路水源，能保证管网中某一管段维修或发生故障时其余管段仍能保证消防用水量和水压的要求。当室内消防给水系统和室外消防给水系统管道合并设置的稳高压消防给水系统时，其管道敷设应注意：

①应根据土质和管道荷载的情况，合理确定管道基础的做法。

②管径大于或等于 150 mm 的管道，在弯头、三通和堵头的位置应设置钢筋混凝土支墩。

③当管道交叉时，其他压力管道应避让稳高压消防给水系统的管道。

④在管道的积气部位应设置自动排气阀。排气阀的管径不应小于 15 mm。

5.2.3 建筑物室外消火栓设计流量

建筑物室外消火栓设计流量，应根据建筑物的用途功能、体积、耐火等级、火灾危险性等因素综合分析确定。

建筑物室外消火栓设计流量不应小于表 5.1 的规定。

表 5.1 建筑物室外消火栓设计流量(L/s)

耐火等级	建筑物名称及类别			建筑体积 V(m³)					
				$V \leq 1\,500$	$1\,500 < V \leq 3\,000$	$3\,000 < V \leq 5\,000$	$5\,000 < V \leq 20\,000$	$20\,000 < V \leq 50\,000$	$V > 50\,000$
一、二级	工业建筑	厂房	甲、乙	15	20	25	30	35	
			丙	15	20	25	30	40	
			丁、戊	15				20	
		仓库	甲、乙	15		25		—	
			丙	15		25		35	45
			丁、戊	15				20	
	民用建筑	住宅	普通	15					
		公共建筑	单层及多层	15		25		30	40
			高层	—		25		30	40
	地下建筑(包括地铁)、平战结合的人防工程			15		20		25	30
	汽车库、修车库[独立]			15				20	
三级	工业建筑	乙、丙		15	20	30	40	45	—
		丁、戊		15			20	25	35
	单层及多层民用建筑			15		20		30	
四级	丁、戊类工业建筑			15		20		25	—
	单层及多层民用建筑			15		20		25	—

注:1. 成组布置的建筑物应按消火栓设计流量较大的相邻两座建筑物的体积之和确定;

2. 火车站、码头和机场的中转库房,其室外消火栓设计流量应按相应耐火等级的丙类物品库房确定;

3. 国家级文物保护单位的重点砖木、木结构的建筑物室外消火栓设计流量,按三级耐火等级民用建筑物消火栓设计流量确定;

4. 宿舍、公寓等非住宅类居住建筑的室外消火栓设计流量,应按表 5.1 中的公共建筑确定。

5.3 建筑室内消火栓给水系统

5.3.1 室内消火栓给水系统的功能及工作原理

1. 功能和组成

建筑消火栓给水系统是把室外给水系统提供的水量,经过加压(外网压力不满足需要时),输送到用于扑灭建筑物内的火灾而设置的固定灭火设备,是建筑物中最基本的灭火设施。建筑消火栓给水系统是以水为主要灭火剂的消防给水系统。建筑消火栓给水系统由消火栓、给水管道、供水设施等组成。

2. 工作原理

室内消火栓给水系统的工作原理与系统的给水方式有关。通常是针对建筑消防给水系统采用的是临时高压消防给水系统。

在临时高压消防给水系统中,系统设有消防泵和高位消防水箱。当火灾发生后,现场的人员可打开消火栓箱,将水带与消火栓栓口连接,打开消火栓的阀门,按下消火栓箱内的启动按钮,从而消火栓可投入使用。消火栓箱内的按钮直接启动消火栓泵,并向消防控制中心报警。在供水的初期,由于消火栓泵的启动有一定的时间,其初期供水由高位消防水箱来供水(储存 10 min 的消防水量)。对于消火栓泵的启动,还可由消防泵现场、消防控制中心启动,消火栓泵一旦启动后不得自动停泵,其停泵只能由现场手动控制。

5.3.2 室内消火栓给水系统的供水方式

给水方式是指建筑物消火栓给水系统的供水方案。室内消火栓系统按建筑类型不同可分为低层建筑消火栓给水系统和高层建筑消火栓给水系统。

1. 低层建筑消火栓给水系统及给水方式

低层建筑消火栓给水系统是指设置在低层建筑物内的消火栓给水系统。低层建筑发生火灾,既可利用其室内消火栓设备,接出水带、水枪灭火,又可利用消防车从室外水源抽水直接灭火,使其得到有效外援。

低层建筑室内消火栓水系统的给水方式分为以下三种类型:

1)直接给水方式

直接给水方式无加压水泵和水箱,室内消防用水直接由室外消防给水管网提供(图 5.2),其构造简单,投资省,可充分利用外网水压,节省能源。但由于内部无储存水量,外网一旦停水,则内部立即断水,可靠性差。当室外给水管网所供水量和水压在全天任何时候均能满足系统最不利点消火栓设备所需水量和水压时,可采用这种供水方式。

采用这种给水方式,当生产、生活、消防合用管网时,其进水管上设置的水表应考虑消防流量,当只有一条进水管时,可在水表节点处设置旁通管。

2)设有消防水箱的给水方式

如图 5.3 所示,该室内给水管网与室外管网直接相接,利用外网压力供水,同时设高位消防水箱调节流量和压力,其供水较可靠,投资节省,可充分利用外网压力,但须设置高位水箱,增加了建筑的荷载。当全天内大部分时间室外管网的压力能够满足要求,在用水高峰时室外管网的压力较低,满足不了室内消火栓的压力要求时,可采用这种给水方式。

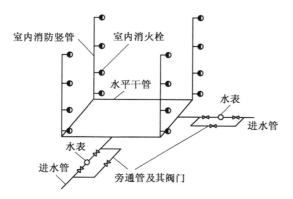

图 5.2　直接给水方式示意

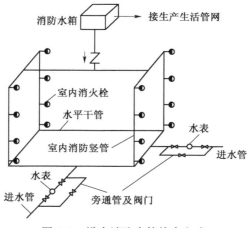

图 5.3　设有消防水箱给水方式

3）设有水泵和消防水箱给水方式

同时设有消防水箱和水泵的给水方式，这是最常用的给水方式（图 5.4）。系统中的消防用水平时由屋顶水箱提供，生活水泵定时向水箱补水，火灾时可启动消防水泵向系统供水。当室外消防给水管网的水压经常不能满足室内消火栓给水系统所需水压时，宜采用这种给水方式。当室外管网不许消防水泵直接吸水时，应设消防水池。

屋顶水箱应储存 10 min 的消防用水量，其设置高度应满足室内最不利点消火栓的水压，水泵启动后，消防用水不应进入消防水箱。

2. 高层建筑消火栓给水系统及给水方式

设置在高层建筑物内的消火栓给水系统，称为高层建筑消火栓给水系统。高层

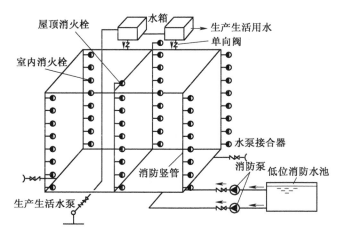

图 5.4　水泵—水箱给水方式示意

建筑一旦发生火灾,火势猛,蔓延快,救援及疏散困难,极易造成人员伤亡和重大经济损失。因此,高层建筑必须依靠建筑物内设置的消防设施进行自救。高层建筑的室内消火栓给水系统应采用独立的消防给水系统。

1)不分区消防给水方式

整栋大楼采用一个区供水,系统简单,设备少。当高层建筑最低消火栓栓口处的静水压力不大于 1.0 MPa 时,可采用这种给水方式。

2)分区消防给水方式

在消防给水系统中,由于配水管道的工作压力要求,系统可有不同的给水方式。系统给水方式划分的原则可根据管材、设备等确定。我国的消防规范规定,当高层建筑最低消火栓栓口处的静水压力大于 1.0 MPa 时,应采取分区给水方式。

5.3.3　室内消火栓给水系统的设置及其布置

1. 室内消火栓系统的设置

1)下列建筑或场所应设置室内消火栓系统:

(1)建筑占地面积大于 300 m² 的厂房和仓库。

(2)高层公共建筑和建筑高度大于 21 m 的住宅建筑。

建筑高度不大于 27 m 的住宅建筑,当确有困难时,可只设置干式消防竖管和不带消火栓箱的 DN65 mm 的室内消火栓。消防竖管的直径不应小于 DN65 mm。

(3)体积大于 5 000 m³ 的车站、码头、机场的候车(船、机)楼以及展览建筑、商店建筑、旅馆建筑、医疗建筑和图书馆建筑等单、多层建筑。

(4)特等、甲等剧场,超过 800 个座位的其他等级的剧场和电影院等以及超过

1 200 个座位的礼堂、体育馆等单、多层建筑。

（5）超过 5 层或体积大于 10 000 m³ 的办公建筑、教学建筑和其他单、多层民用建筑。

2）下列建筑或场所可不设置室内消火栓系统：

规范未规定的建筑或场所和符合下列建筑或场所的建筑，可不设置室内消防系统，但宜设置消防软管卷盘或轻便消防水龙：

（1）耐火等级为一、二级且可燃物较少的单层、多层丁、戊类厂房（仓库）；

（2）耐火等级为三、四级且建筑体积不大于 3 000 m³ 的丁类厂房；耐火等级为三、四级且建筑体积不大于 5 000 m³ 的戊类厂房（仓库）；

（3）粮食仓库、金库以及远离城镇且无人值班的独立建筑；

（4）存有与水接触能引起燃烧爆炸的物品的建筑；

（5）室内无生产、生活给水管道，室外消防用水取自储水池且建筑体积不大于 5 000 m³ 的其他建筑。

3）国家级文物保护单位的重点砖木或木结构的古建筑，宜设置室内消火栓系统。

4）人员密集的公共建筑、建筑高度大于 100 m 的建筑和建筑密集 200 m² 的商业服务网点内应设置消防软管卷盘或轻便消防水龙。高层住宅建筑的户内宜配置轻便消防水龙。

2. 室内消火栓的布置

1）室内消火栓的选用应符合下列要求：

（1）室内消火栓 SN65 可与消防软管卷盘一同使用；

（2）SN65 的消火栓应配置公称直径 65 mm 有内衬里的消防水带，每根水带的长度不宜超过 25 m；消防软管卷盘应配置内径不小于 φ19 mm 的消防软管，其长度宜为 30 m；

（3）SN65 的消火栓宜配当量喷嘴直径 16 mm 或 19 mm 的消防水枪，但当消火栓设计流量为 2.5 L/s 时宜配当量喷嘴直径 11 mm 或 13 mm 的消防水枪；消防软管卷盘应配当量喷嘴直径 6 mm 的消防水枪。

2）室内消火栓的布置要求

（1）设置室内消火栓的建筑，包括设备层在内的各层均应设置消火栓。

（2）屋顶设有直升机停机坪的建筑，应在停机坪出入口处或非电器设备机房处设置消火栓，且距停机坪机位边缘的距离不应小于 5 m。

（3）消防电梯前室应设置室内消火栓，并应计入消火栓使用数量。

（4）室内消火栓的布置应满足同一平面有 2 支消防水枪的 2 股充实水柱同时达到任何部位的要求，且楼梯间及其休息平台等安全区域可仅与一层视为同一平面。但当建筑高度小于等于 24.0 m 且体积小于等于 5 000 m³ 的多层仓库，可采用 1 支水枪充实水柱到达室内任何部位。

（5）建筑室内消火栓的设置位置应满足火灾扑救要求，并应符合下列规定：

①室内消火栓应设置在楼梯间及其休息平台和前室、走道等明显易于取用，以及便于火灾扑救的位置；

②住宅的室内消火栓宜设置在楼梯间及其休息平台；

③大空间场所的室内消火栓应首先设置在疏散门外附近等便于取用和火灾扑救的位置；

④汽车库内消火栓的设置不应影响汽车的通行和车位的设置，并应确保消火栓的开启；

⑤同一楼梯间及其附近不同层设置的消火栓，其平面位置宜相同；

⑥冷库的室内消火栓应设置在常温穿堂或楼梯间内；

⑦对在大空间场所消火栓安装位置确有困难时，经与当地消防监督机构核准，可设置在便于消防队员使用的合适地点。

（6）建筑室内消火栓栓口的安装高度应便于消防水龙带的连接和使用，其距地面高度宜为 1.1 m；其出水方向应便于消防水带的敷设，并宜与设置消火栓的墙面成 90°角或向下。

（7）设有室内消火栓的建筑应设置带有压力表的试验消火栓，其设置位置应符合下列规定：

①多层和高层建筑应在其屋顶设置，严寒、寒冷等冬季结冰地区可设置在顶层出口处或水箱间内等便于操作和防冻的位置；

②单层建筑宜设置在水力最不利处，且应靠近出入口。

（8）室内消火栓宜按行走距离计算其布置间距，并应符合下列规定：

①消火栓按 2 支消防水枪的 2 股充实水柱布置的高层建筑、高架仓库、甲乙类工业厂房等场所，消火栓的布置间距不应大于 30 m；

②消火栓按 1 支消防水枪的一股充实水柱布置的建筑物，消火栓的布置间距不应大于 50 m。

（9）跃层住宅和商业网点的室内消火栓应至少满足一股充实水柱到达室内任何部位，并宜设置在户门附近。

5.3.4　室内消火栓给水系统设计流量及管道布置

1. 设计流量

建筑物室内消火栓设计流量，应根据建筑物的用途功能、体积、高度、耐火极限、火灾危险性等因素综合确定。

建筑物室内消火栓设计流量不应小于表 5.2 的规定。

表 5.2 建筑物室内消火栓设计流量

建筑物名称			高度 h(m)、层数、体积 V(m³)、座位数(n)、火灾危险性		消火栓设计流量(L/s)	同时使用消防水枪数(支)	每根竖管最小流量(L/s)
工业建筑	单层及多层	厂房	h≤24	甲、乙、丁、戊	10	2	10
				丙	20	4	15
			24<h≤50	乙、丁、戊	25	5	15
				丙	30	6	15
			h>50	乙、丁、戊	30	6	15
				丙	40	8	15
		仓库	h≤24	甲、乙、丁、戊	10	2	10
				丙	20	4	15
			h>24	丁、戊	30	6	15
				丙	40	8	15
		科研楼、试验楼	V≤10 000		10	2	10
			V>10 000		15	3	10
		车站、码头、机场的候车(船、机)楼和展览建筑(包括博物馆)等	5 000<V≤25 000		10	2	10
			25 000<V≤50 000		15	3	10
			V>50 000		20	4	15
		剧场、电影院、会堂、礼堂、体育馆等	800<n≤1 200		10	2	10
			1 200<n≤5 000		15	3	10
			5 000<n≤10 000		20	4	15
			n>10 000		30	6	15
		旅馆	5 000<V≤10 000		10	2	10
			10 000<V≤25 000		15	3	10
			V>25 000		20	4	15
		商店、图书馆、档案馆等	5 000<V≤10 000		15	3	10
			10 000<V≤25 000		25	5	15
			V>25 000		40	8	15
		病房楼、门诊楼等	5 000<V≤25 000		10	2	10
			V>25 000		15	3	10
		办公楼、教学楼等其他建筑	V>10 000		15	3	10
		住宅	21<h≤27		5	2	5

建筑物名称				高度 h(m)、层数、体积 V(m³)、座位数(n)、火灾危险性	消火栓设计流量（L/s）	同时使用消防水枪数（支）	每根竖管最小流量（L/s）
高层	住宅		普通	$27 < h \leqslant 54$	10	2	10
				$h > 54$	20	4	10
	二类公共建筑			$h \leqslant 50$	20	4	10
				$h > 50$	30	6	15
	一类公共建筑			$h \leqslant 50$	30	6	15
				$h > 50$	40	8	15
国家级文物保护单位的重点砖木或木结构的古建筑				$V \leqslant 10\ 000$	20	4	10
				$V > 10\ 000$	25	5	15
车库/修车库［独立］					10	2	10
地下建筑				$V \leqslant 5\ 000$	10	2	10
				$5\ 000 < V \leqslant 10\ 000$	20	4	15
				$25\ 000 < V \leqslant 10\ 000$	30	6	15
				$V > 25\ 000$	40	8	20
人防工程	展览厅、影院、剧场、礼堂、健身体育场所等			$V \leqslant 1000$	5	1	5
				$1000 < V \leqslant 2\ 500$	10	2	10
				$V > 2\ 500$	15	3	10
	商场、餐厅、旅馆、医院等			$V \leqslant 5\ 000$	5	1	5
				$5\ 000 < V \leqslant 10\ 000$	10	2	10
				$5\ 000 < V \leqslant 125\ 000$	15	3	10
				$V > 25\ 000$	20	4	10

注：1. 丁、戊类高层厂房（仓库）室内消火栓的设计流量可按本表减少 10 L/s，同时使用消防水枪数量可按本表减少 2 支；

2. 当高层民用建筑高度不超过 50 m，室内消火栓用水量超过 20 L/s，且设有自动喷水灭火系统时，其室内、外消防用水量可按本表减少 5 L/s；

3. 消防软管卷盘、轻便消防水龙及多层住宅楼梯间中的干式消防竖管，其消防给水设计流量可不计入室内消防给水设计流量；

4. 当建筑物室内设有自动喷水灭火系统、水喷雾灭火系统、泡沫灭火系统或固定消防炮灭火系统等一种或两种以上自动水灭火系统全保护时，室内消火栓系统设计流量可减少 50%，但不应小于 10 L/s；

5. 宿舍、公寓等非住宅类居住建筑的室内消火栓设计流量应按相关规范中的公共建筑确定。

2. 室内消防给水管道

室内消防给水管道是室内消火栓系统的重要组成部分,为确保供水安全可靠,其布置时应满足一定的要求。

(1)单层、多层建筑消防用水与其他用水合用的室内管道,当其他用水达到最大小时流量时,应仍能保证供应全部消防用水量;高层民用建筑室内消防给水系统管道应与生活、生产给水系统分开独立设置。

(2)除有特殊规定外,建筑物的室内消防给水管道应布置成环状,且至少应有两条进水管与室外环状管网相连接,当其中的一条进水管发生故障时,其余的进水管应仍能供应全部消防用水量。

(3)室内消防给水管道应采用阀门分成若干独立段。单层厂房(仓库)和公共建筑内阀门的布置应保证检修停止使用的消火栓不应超过 5 个;多层民用建筑和其他厂房(仓库)内阀门的布置应保证管道检修时关闭的消防竖管不超过一根,但设置的竖管超过三根时,可关闭两根。高层建筑内阀门的布置,应保证管道检修时关闭停用的消防给水竖管不超过一根;当高层民用建筑内消防给水竖管超过四根时,可关闭不相邻的两根。阀门应保持常开,并有明显的启闭标志和信号。

(4)一般情况下,消防给水竖管的布置应保证同层相邻两个消火栓的水枪充实水柱同时到达被保护范围内的任何部位,每根竖管的直径应根据通过的流量经计算确定,高层民用建筑内每根消防给水竖管的直径不应小于 100 mm。

(5)室内消火栓给水管网与自动喷水灭火系统(局部应用系统除外)的管网应分开设置。如有困难,应在报警阀前分开设置。

(6)室内消火栓给水管材通常采用热镀锌钢管,根据工作压力的情况,可以是有缝钢管也可是无缝钢管。

5.4 建筑室内消火栓给水系统水力计算

建筑消火栓给水系统一般由水枪、水带、消火栓、消防管道、消防水池、高位水箱、水泵接合器及增压水泵等组成。消火栓给水系统水力计算的主要任务是根据规范规定的消防用水量及要求确定管网的管径,系统所需的水压,水池、水箱的容积和水泵的型号等。

5.4.1 消防设施的水压和水量计算

1. 消火栓充实水柱长度

水枪一般为直流式,喷嘴口径有 13 mm、16 mm、19 mm 三种。口径 13 mm 水枪配备直径 50 mm 水带,16 mm 水枪可配 50 mm 或 65 mm 水带,19 mm 水枪配备

65 mm水带。低层建筑的消火栓可选用 13 mm 或 16 mm 口径水枪。水带口径有 50 mm、65 mm 两种，水带长度一般为 15 mm、20 mm、25 mm、30 m 四种；水带材质有麻织和化纤两种，有衬胶与不衬胶之分，衬胶水带阻力较小。水带长度应根据水力计算选定。消火栓均为内扣式接口的球形阀式龙头，有单出口和双出口之分。双出口消火栓直径为65 mm；单出口消火栓直径有 50 mm 和 65 mm 两种。

消火栓设备的水枪射流灭火，需要有一定强度的密实水流才能有效地扑灭火灾。水枪射流中在 26~38 mm 直径圆断面内、包含全部水量75%~90%的密实水柱长度称为充实水柱长度，以 H_m 表示。根据数据统计，当水枪充实水柱长度小于 7 m 时，火场的辐射热使消防人员无法接近着火点，达不到有效灭火的目的；当水枪的充实水柱长度大于 15 m 时，因射流的反作用力而使消防人员无法把握水枪灭火。表 5.3 为各类建筑物要求的水枪充实水柱长度，设计时可参照选用。

表 5.3　各类建筑物要求水枪充实水柱长度

建筑物类别	充实水柱长度
一般建筑	不小于 7
甲、乙类厂房、大于六层的公共建筑、大于四层厂房（仓库）	不小于 10
高层厂房（库房）、高架仓库、体积大于 25 000 m³ 的商店、体育馆、影剧院、会堂、展览建筑、车站、码头、机场建筑等	不小于 13
民用建筑高度≥100 m	不小于 13
民用建筑高度≤100 m	不小于 10
高层工业建筑	不小于 13
人防工程内	不小于 10
停车库、修车库内	不小于 10

2. 消火栓布置间距

1）1 支水枪的充实水柱达到同层内任何部位

建筑高≤24 m、体积≤5 000 m³ 的库房，应保证有 1 支水枪的充实水柱达到同层内任何部位，如图 5.5 所示，其布置间距按下列公式计算：

$$S \leq 2 \cdot \sqrt{R^2 - b^2}$$

式中　S——消火栓间距，m；

　　　R——消火栓保护半径，m；

　　　b——消火栓的最大保护宽度，应为一个房间的长度加走廊的宽度，m。

消火栓保护半径可以通过下式计算：

$$R = C \cdot L_d + h$$

式中　R——消火栓保护半径，m；

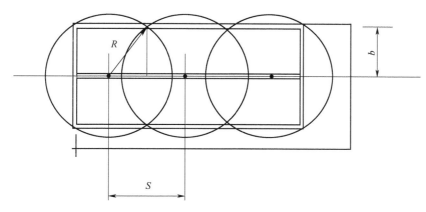

图 5.5 1 支水枪达到同层内任何部位布置图

  C——水带展开时的弯曲折减系数,一般取 0.8~0.9;

  L_d——水带长度,m;

  h——水枪充实水柱倾斜 45° 时的水平投影长度,m;$h = 0.71H_m$,对一般建筑
   (层高为 3~3.5 m)由于两楼板间的限制,一般取 $h = 3.0$ m;

  H_m——水枪充实水柱长度,m。

 2)2 支水枪的充实水柱达到同层内任何部位

  除要求 1 支水枪的充实水柱到达外的其他民用建筑,应保证有 2 支水枪的充实
水柱达到同层内任何部位,其布置间距按下列公式计算:

$$S \leqslant \sqrt{R^2 - b^2}$$

式中 S——消火栓间距(2 股水柱达到同层任何部位),m;

 3. 消火栓口所需的水压

 1)消火栓口所需的压力按下式计算:

$$H_{xh} = H_q + H_d + H_k$$

式中 H_{xh}——消火栓口的水压,kPa;

  H_q——水枪喷嘴处的压力,kPa;

  h_d——水带的水头损失,kPa;

  H_k——消火栓栓口水头损失,按 20 kPa 计算。

 (1)水枪喷嘴处的压力(理想射流高度)

 ①理想的射流高度(即不考虑空气对射流的阻力)为:

$$H_q = \frac{v^2}{2g}$$

式中 v——水流在喷嘴口处的流速,m/s;

g——重力加速度,m/s^2。

②水枪充实水柱高度 H_m 与垂直射流高度 H_f 的关系式由下列公式表示:

$$H_f = a_f H_m$$

式中 a_f——实验系数 $= 1.19+80(0.01 \cdot H_m)^4$,可查表 5.4。

表 5.4 系数 a_f 值

H_m	6	7	8	9	10	11	12	13	14	15	16
a_f	1.19	1.19	1.19	1.20	1.20	1.20	1.21	1.21	1.22	1.23	1.24

③理想射流高度和实际射流高度的关系为:

$$H_q - H_f = \Delta H = \frac{K_1}{d_f} \cdot H_q \cdot H_f$$

式中 K_1——由实验确定的阻力系数;

d_f——水枪喷嘴口径,m;

令 $\varphi = \dfrac{K_1}{d_f}$,则:

$$H_q = \frac{H_f}{1 - \varphi \cdot H_f}$$

式中 φ——与水枪喷嘴口径有关的阻力系数,可按经验计算。

$\varphi = \dfrac{0.25}{d_f + (0.1 d_f)^3}$,其计算值见表 5.5

表 5.5 系数 φ 值

d_f(mm)	13	16	19
φ	0.0165	0.0124	0.0097

④水枪喷嘴处的压力与充实水柱高度的关系:

把 $\varphi = \dfrac{0.25}{d_f + (0.1 d_f)^3}$ 代入 $H_q = \dfrac{H_f}{1 - \varphi \cdot H_f}$ 可得到水枪喷嘴处的压力与充实水柱高度的关系为:

$$H_q = \frac{\alpha_f \cdot H_m}{1 - \varphi \cdot \alpha_f \cdot H_m}$$

水枪在使用时常倾斜 45°~60° 角,由试验得知充实水柱长度几乎与倾角无关,在计算时充实水柱长度与充实水柱高度可视为相等。

(2)水带水头损失应按下列公式计算:

$$h_q = A_z \cdot L_d q_{xh}^2 \times 10$$

式中　q_d——水带水头损失,kPa;

　　　L_d——水带长度,m;

　　　A_z——水带阻力系数,见表5.6。

表5.6　水带阻力系数 A_z 值

水带材料	水带直径(mm)		
	50	65	80
麻织	0.015 01	0.004 30	0.001 50
衬胶	0.006 77	0.001 72	0.000 75

2)消火栓口出流量

水枪射出流量与喷嘴压力之间的关系可用下列公式计算:

$$q_{xh} = \sqrt{BH_q}$$

式中　q_{xh}——水枪的射流量,L/s;

　　　B——水枪水流特性系数,与水枪喷嘴口径有关,可查表5.7。

表5.7　水枪水流特性系数 B

水枪喷口直径(mm)	13	16	19	22
B	0.346	0.793	1.577	2.834

根据水枪口径和充实水柱长度可查出水枪的射流量和压力值,见表5.8。

表5.8　H_m—H_q—q_{xh} 数据

充实水柱(m)	水枪喷口直径(mm)					
	13		16		19	
	$H_q(mH_2O)$	$q_{xh}(L/s)$	$H_q(mH_2O)$	$q_{xh}(L/s)$	$H_q(mH_2O)$	$q_{xh}(L/s)$
6	8.1	1.7	7.8	2.5	7.7	3.5
7	9.7	1.8	9.3	2.7	9.1	3.8
8	11.3	2.0	10.8	2.9	10.5	4.1
9	13.1	2.1	12.5	3.1	12.1	4.4
10	15.0	2.3	14.1	3.3	13.6	4.6
11	16.9	2.4	15.8	3.5	15.1	4.9
12	19.1	2.6	17.1	3.7	16.9	5.2
13	21.2	2.7	19.5	3.9	18.6	5.4
14	23.8	2.9	21.7	4.1	20.5	5.7
15	26.5	3.0	23.9	4.4	22.5	6.0
16	29.5	3.2	26.3	4.6	24.6	6.2

5.4.2 消防管网水力计算

1. 水力计算的目的

消防管网水力计算的目的是确定消防给水管网的管径、计算或校核消防水箱的设置高度、选择消防水泵。

2. 消防设计的一般性原则

1）流速

消火栓给水管道中的流速一般以 1.4~1.8 m/s 为宜,不允许大于 2.5 m/s。

2）水头损失

消防管道沿程水头损失的计算方法与给水管网计算相同,其局部水头损失按管道沿程水头损失的 10%采用。

3）水箱

当有消防水箱时,应以水箱的最低水位作为起点选择计算管路,计算管径和水头损失,确定水箱的设置高度或补压设备。

4）水池

当设有消防水泵时,应以消防水池最低水位作为起点选择计算管路,计算管径和水头损失,确定消防水泵的扬程。

5）环状管网

对于环状管网(由于着火点不确定),可假定某管段发生故障,仍按枝状网进行计算。

6）给水管径

为保证消防车通过水泵接合器向消火栓给水系统供水灭火,对于建筑消火栓给水管网管径不得小于 DN100 mm。

5.5 建筑室内消火栓系统的消防流量确定及其计算方法

消防系统供水的可靠性是建筑消防安全的基本条件,而保证筑物内任何一处发生火灾,都需要有必要的消防流量,以满足消防规定的灭火时间。

1. 消火栓系统消防流量的确定

1）函数规定

规定函数 $y = \text{Large}(x_1 : x_2 : \cdots x_i \cdots : x_n, \{j\})$ 是在 n 个限定的数值中,取第 j 个大的数的函数。

2）消防流量的计算

当建筑物着火时,需要对着火点进行灭火合围,往往需要几个水枪同时使用。而随着消火栓口的压力越大,其需要的供水量也越大。而在整个建筑物的消防系统中,存在这样一个区域,满足规范所规定的消防条件,消火栓系统所需要的消防流量最大。则把这个区域称为该建筑物消火栓系统消防流量供应的最不利区域。这个区域一般在系统压力最大的消火栓附近的区域。而在整个消火栓系统中,也存在这样一个消火栓,要满足规范所规定的最小充实水柱和最小供水流量的情况下,其压力比其他消火栓更难满足。则把这一点称为消火栓系统的压力最不利点。这一点往往是在消火栓系统中位置最高、离室内消防水源(例如水箱)最远的消火栓。

(1)消防流量的计算步骤

在绘制好系统图之后,消火栓系统的计算步骤如下:

①确定消火栓系统中流量的最不利竖管,即拥有消火栓位置高度最低的消防竖管;

②确定系统中压力最不利消火栓(即压力最难满足的点,也就是最高和离水箱或水池最远的消火栓);

③以压力最不利消火栓的计算压力为控制压力,以带有该最不利消火栓的竖管为第一个计算竖管,沿着流量最不利竖管的方向依次计算,直至计算到流量的最不利竖管;

④根据规范规定,确定系统中流量的最不利区域(该区域在流量最不利竖管底层消火栓的附近),则流量最不利区域的流量相加即为该系统的计算消防流量。

(2)消防系统竖管流量的计算

在消防系统竖管流量的计算中,其设计流量是要大于或等于规范规定的消防系统竖管的最小流量。若所需计算的消防竖管中水枪的压力分布函数是单调函数(即竖管中没有减压设施),其竖管的流量计算公式为:

$$\begin{cases} \sum_{j=1}^{m-1} \mathrm{Large}(q_1 : q_2 : \cdots q_i \cdots : q_n, \{j\}) < Q_{\min} \leqslant \sum_{j=1}^{m} \mathrm{Large}(q_1 : q_2 : \cdots q_i \cdots : q_n, \{j\}) \\ Q_S = \sum_{j=1}^{m} \mathrm{Large}(q_1 : q_2 : \cdots q_i \cdots : q_n, \{j\}) \end{cases}$$

(5.1)

式中　m——竖管中所需计算的水枪的个数,个;

q_i——消防竖管中按照压力计算的第 i 个水枪的消防流量,L/s;

n——压力单调函数区间内消防竖管的水枪总数,个;

$Q_{\min}$——消防规范所规定的消防竖管不得小于的设计流量,L/s;

Q_S——消防系统竖管的设计消防流量,L/s。

若所计算的消防竖管中的压力分布函数为非单调函数(例如有减压设施),则可划分为几个单调函数,相应计算出最不利区域内的消防系统竖管的流量。

（3）消防流量的计算

①高层建筑消防流量的计算

高层防火规范规定了消火栓给水系统室内、外最低用水量，其室内消防流量的计算公式为：

$$\begin{cases} \sum_{i=1}^{n_n-1} Q_{si} < Q'_{\min} \leqslant \sum_{i=1}^{n_n} Q_{Si} \\ Q_x = \sum_{i=1}^{n_n} Q_{Si} \end{cases} \quad (5.2)$$

式中　Q_x——消火栓系统消防的设计流量，L/s；

　　　$Q'_{\min}$——消防规范规定的室内最低用水量，L/s；

　　　Q_{Si}——计算区域内第 i 个消防竖管的设计流量，L/s；

　　　n_n——计算区域内所包含的消防竖管的数目。

②低层建筑消防设计流量的计算

建筑设计防火规范规定了室内消火栓用水量应根据水枪充实水柱长度和同时使用水枪数量经计算确定，且满足消防最低用水量和消防竖管最低用水量的要求。其计算公式为：

$$\begin{cases} \sum_{i=1}^{n_n-1} Q_{si} < Q'_{\min} \leqslant \sum_{i=1}^{n_n} Q_{Si} \\ \sum_{i=1}^{n_m-1} n_i < K \leqslant \sum_{i=1}^{n_m} n_i \\ n_p = \max\{n_m, n_n\} \\ Q_x = \sum_{i=1}^{n_p} Q_{Si} \end{cases} \quad (5.3)$$

式中　K——建筑设计防火规范所规定的同时使用水枪的数目，个；

　　　n_n, n_m——分别对应满足最低流量、同时使用水枪的数目所需的消防竖管数目。

其他符号意义同式(5.2)。

2. 消防流量的计算举例

例：某旅馆建筑有地上 10 层和地下室一层，该建筑地上第一层层高为 3.3 m，其余层高均为 3.0 m，其设计系统图如图 5.6 所示，计算消防水箱的储水量。

解：(1)最不利点压力确定

通过系统图判断最远点、最高点的消火栓 1′为最不利点。

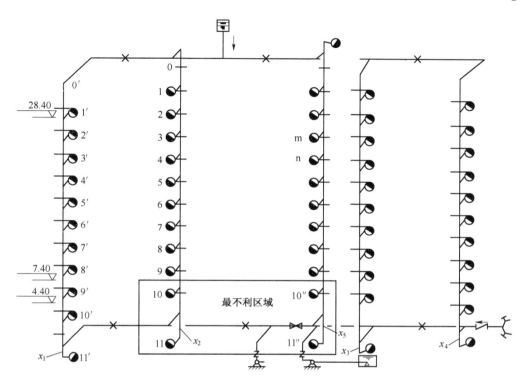

图 5.6 消火栓系统计算图

根据《建筑设计防火规范》的规定,选择最小的充实水柱的高度进行计算。即选用充实水柱的高度为 10 m 的水枪,采用其直径为 19 mm,水枪水流特性系数 B 为 1.577,选配 65 mm 水带,其阻力系数 $A_z = 0.007\ 12$,水带长 L_d 为 20 m。

根据《建筑给水排水工程》对应表格得到 $H_q = 13.6$ m。

水枪的出流量公式为:

$$q_{xh} = \sqrt{BH_q} \tag{5.4}$$

式中　q_{xh}——水枪的射流量,L/s;

　　　　B——水枪水流特性系数;

　　　　H_q——水枪喷嘴处的压力,mH_2O。

则 1′点水枪的出流量 $q_{xh'}$ 为:

$$q_{xh1'} = \sqrt{BH_{q1'}} = \sqrt{1.577 \times 13.6} = 4.63(L/s) < 5(L/s)$$

取 $q_{xh} = 5$ L/s

则:$H_{q1'} = \dfrac{q_{xh1'}^2}{B} = \dfrac{5^2}{1.577} = 15.85(m)$

消防栓口所需的水压 H_{xh} 计算公式为：

$$H_{xh} = H_q + A_z \cdot L_d \cdot q_{xh}^2 + H_K = \frac{q_{xh}^2}{B} + A_z \cdot L_d \cdot q_{xh}^2 + H_K^2 \qquad (5.5)$$

式中 H_{xh}——消火栓口所需的水压，mH_2O；

A_z——水带的比阻；

L_d——水带的长度，m；

H_k——消防栓口水头损失，取 $2mH_2O$。

则 1′点消火栓所需的压力 $H_{xh'}$ 为：

$$H_{xh1'} = H_{q1'} + A_z \cdot L_d \cdot q_{xh1'}^2 + H_K = 15.85 + 0.00172 \times 20 \times 5^2 + 2 = 18.71(m)$$

（2）最不利区域流量确定

本设计按不考虑自喷系统进行计算。针对建筑高度不超过 50 m 的教学楼和普通的旅馆、办公楼、科研楼和档案馆等，高层民用建筑设计防火规范规定，室内消防流量不得小于 20 L/s，消防竖管的流量不得小于 10 L/s。同时，消防竖管的布置，应保证同层相邻两个消火栓的水枪的充实水柱同时达到被保护范围内的任何部位。因此需要计算两根竖管的消防流量。

从图 5.6 可以看出最不利区域应位于立管 x_2、x_3 和 x_5 最底部消火栓压力最大的消火栓所组成的区域。本例计算是以立管 x_2 上的 11 编号的消火栓为水压最高的点。

按规范规定每根消防竖管的直径应按通过的流量经计算确定，但不应小于100 mm。初步设计选择 DN100 mm。

管道局部水头损失，按管道沿程水头损失的 10% 采用。

针对同一竖管两个不同位置高度的 m 消火栓和 n 消火栓（例如图中消防立管 x_5 所示位置，m 消火栓的位置高于 n 消火栓的位置），在水箱供水工况下，水流自上而下流动，两个消火栓水压之间的相互关系式为：

$$H_n = H_m + \Delta Z_{n-m} - (h_i + h_j) = H_m + \Delta Z_{n-m} - 1.1iL_{m-n} \qquad (5.6)$$

式中 H_m——消火栓 m 点所需要的水头损失，mH_2O；

H_n——消火栓 n 点所需要的水头损失，mH_2O；

ΔZ_{n-m}——消火栓 n 点和 m 点的位置压差水头，mH_2O；

h_i——管道沿程水头损失，mH_2O；

h_j——管道局部水头损失，mH_2O；

i——管道单位长度水头损失，mH_2O；

L_{m-n}——管道计算长度，表示水流从消火栓 m 流至消火栓 n，m。

管网的水力计算采用枝状管网进行。

计算采用流量试算法，先计算带有压力控制点的竖管，假设在竖管中离压力控制点最远点(即压力最大点)的消火栓的流量,然后联合式(5.4),式(5.5),式(5.6),计算控制点的压力。通过采用逼近法调整最远点消火栓的假设流量,直至计算所得的压力和控制点的压力相同或者在误差的要求范围之内。

按图5.6,利用 Excel,其立管 x_1 的计算结果见表5.9和表5.10,此处的压力控制点为压力最不利消火栓 1′点。

表5.9　立管 x_1 中1支水枪出流的流量计算表

假设流量 $q'_{xh11'}$(L/s)	$H'_{xh11'}$ (m)	$i_{10'\sim 11'}$ (mH$_2$O/m)	管长 $L_{10'\sim 11'}$ (m)	计算的控制点压力 H'_{xh1}(m)	实际控制点压力 H_{xh1}(m)
10	68.85	0.026 90	3.3	39.45	18.71
8	44.78	0.017 80	3.3	15.08	18.71
8.5	50.30	0.019 90	3.3	20.66	18.71
8.25	47.50	0.018 85	3.3	17.83	18.71
8.38	48.95	0.019 40	3.3	19.29	18.71
8.32	48.28	0.019 14	3.3	18.61	18.71
8.35	48.61	0.019 27	3.3	18.95	18.71
8.34	48.50	0.019 23	3.3	18.84	18.71
8.33	48.39	0.019 19	3.3	18.73	18.71

表5.10　立管 x_1 中2支水枪同时出流的流量计算表

$q'_{xh11'}$ (L/s)	$H'_{xh11'}$ (m)	$i_{10'\sim 11'}$ (mH$_2$O/m)	$L_{10'\sim 11}$ (m)	$H'_{xh10'}$ (m)	$q'_{xh10'}$ (L/s)	$q'_{xh11'}+q'_{xh10'}$ (L/s)	$I_{10'\sim 1'}$ (mH$_2$O/m)	$L_{10'\sim 1'}$ (m)	$H'_{xh1'}$ (m)
8.33	48.39	0.019 19	3.3	45.16	8.03	16.36	0.071 70	27	20.29
8	44.78	0.017 80	3.3	41.55	7.69	15.69	0.065 94	27	16.51
8.17	46.62	0.018 51	3.3	43.39	7.87	16.04	0.068 83	27	18.43
8.25	47.50	0.018 85	3.3	44.27	7.95	16.20	0.070 27	27	19.36
8.21	47.06	0.018 68	3.3	43.83	7.91	16.12	0.069 55	27	18.89
8.19	46.84	0.018 60	3.3	43.61	7.89	16.08	0.069 20	27	18.66
8.2	46.95	0.018 64	3.3	43.72	7.90	16.10	0.069 38	27	18.78

通过表5.9的计算可知,当采用1个消火栓出水时,其流量为8.33 L/s;该流量不能满足消防流量为10 L/s 的要求,因此,消防立管需要2个消火栓同时出水。通过表5.10的计算可知,消火栓 11′和消火栓 10′的流量分别为 8.20 L/s 和 7.90 L/s,二者之和8.20 L/s+7.90 L/s = 16.10 L/s 满足消防立管最小流量的要求。因此,该竖管同时出流的水枪个数为2个,其设计流量为16.10 L/s。

以消防立管 x_1 的设计流量和最不利点的控制压力,计算至图 5.6 中 0 点处的压力 H_0,则以 0 点处的压力作为控制压力,采用试算法获得立管 x_2 的同时出流水枪数和及其各自的设计消防流量,把同时出流水枪的流量按最不利组合相加,即得到该立管的设计消防流量。

同理,可以确定立管 x_3、x_4、x_5 的同时出流水枪数及各自的流量,并最终确定竖管的消防设计流量。

该设计中,最不利区域通过计算比较分析如图 5.6 所示,计算略。

则消防水箱 10 min 消火栓系统的储水量计算公式为:

$$Q = 0.6(q_{11} + q_{10} + q_{11''} + q_{10''}) = 0.6(q_{x_2} + q_{x_5})$$

式中 Q——消防水箱的储水量,m^3;

$\quad q_{x_2}$——x_2 消防立管的设计流量,$\mathrm{L/s}$;

$\quad q_{x_5}$——x_5 消防立管的设计流量,$\mathrm{L/s}$。

其他符合的意义同前文。

根据最不利消火栓控制点的压力及设计的消防流量,确定水箱的安装高度,此处略。

利用类似的方法确定消防水泵工作的工况下的扬程、流量及消防水池的储水量。

采用流量试算法,能够获得消防系统中各点的水压,若系统中的压力超过规范的规定,则可以采用减压措施进行减压,但需要满足防火设计规范中对消火栓最低工作压力和最小流量的规定;若计算所获得的消防设计流量较大,水箱或水池的容积很难满足,则需要对消火栓采取控制出流措施,以降低消防流量,减少水箱或者水池的容积。

6 自动喷水灭火系统

自动喷水灭火系统是一种在发生火灾时,能自动打开喷头喷水灭火并同时发出火警信号的消防灭火设施。

据资料统计,自动喷水灭火系统扑灭初期火灾的效率在97%以上,因此在国外一些国家的公共建筑都要求设置自动喷水灭火系统。鉴于我国的经济发展状况,目前要求在人员密集不易疏散,外部增援灭火与救生较困难或火灾危险性较大的场所设置自动喷水灭火系统。

自动喷水灭火系统由水源、加压贮水设备、喷头、管网、报警装置等组成。广泛应用于工业建筑和民用建筑。

6.1 自动喷水灭火系统的类型

自动喷水灭火系统根据所使用喷头的开口形式,分为闭式自动喷水灭火系统和开式自动喷水灭火系统两大类;根据系统的用途和配置状况,自动喷水灭火系统又分为湿式自动喷水灭火系统、干式自动喷水灭火系统、预作用自动喷水灭火系统、雨淋系统、水幕系统、水喷雾系统、自动喷水—泡沫联用系统等。自动喷水灭火系统的分类见图6.1。

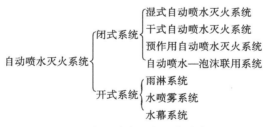

图 6.1　自动喷水灭火系统分类图

1. 湿式自动喷水灭火系统

湿式自动喷水灭火系统是喷头为常闭的灭火系统,如图6.2所示。管网中充满有压水,当建筑物发生火灾,火点温度达到开启闭式喷头时,喷头出水灭火。湿式自动喷水灭火系统原理流程图如图6.3所示。

（1）系统的组成

湿式系统的组成如图 6.2 所示。

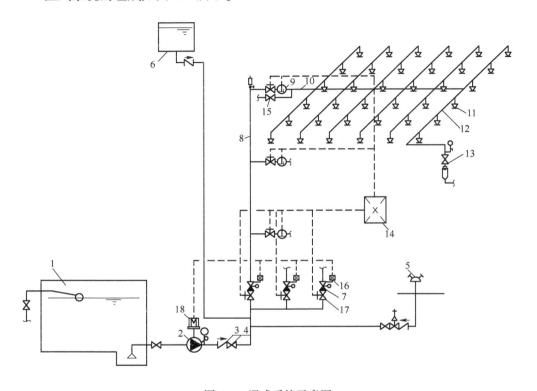

图 6.2　湿式系统示意图

1—消防水池;2—水泵;3—止回阀;4—闸阀;5—水泵接合器;6—消防水箱;
7—湿式报警阀组;8—配水干管;9—水流指示器;10—配水管;11—闭式喷头;
12—配水支管;13—末端试水装置;14—报警控制器;15—泄水阀;16—压力开关;
17—信号阀;18—驱动电机

　　湿式自动喷水灭火系统是应用最为广泛的自动喷水灭火系统,适合在环境温度不低于 4 ℃ 并不高于 70 ℃ 的环境中使用。

　　2. 干式自动喷水灭火系统

　　干式自动喷水灭火系统由闭式喷头、管网、干式报警阀、充气设备、报警装置、供水设备等组成。管网内平时不充水。环境温度低于 4 ℃ 或高于 70 ℃ 的建筑物和场所,例如不采暖的地下停车场、冷库等处。

　　干式系统的组成如图 6.4 所示。

　　干式系统的工作原理流程如图 6.5 所示。

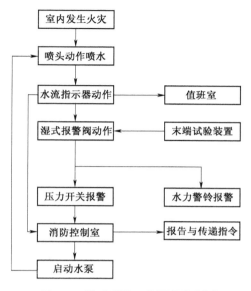

图 6.3   湿式系统工作原理流程图

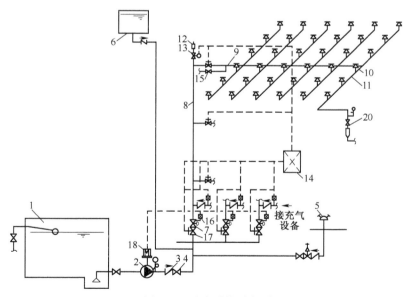

图 6.4   干式系统示意图

1—消防水池;2—水泵;3—止回阀;4—闸阀;5—水泵接合器;6—消防水箱;
7—干式报警阀组;8—配水干管;9—配水管;10—闭式喷头;11—配水支管;
12—排气阀;13—电动阀;14—报警控制器;15—泄水阀;16—压力开关;
17—信号阀;18—驱动电机

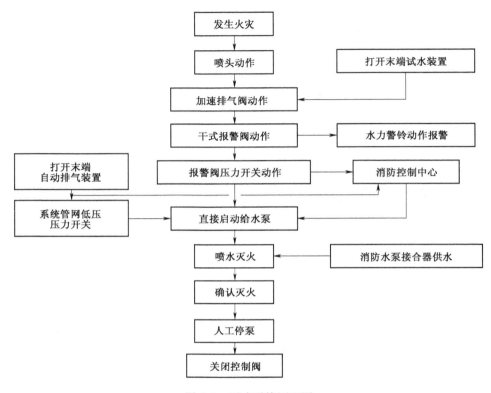

图 6.5 干式系统原理图

3. 预作用自动喷水灭火系统

预作用自动喷水灭火系统为喷头常闭的灭火系统,管网中平时不充水(无压),发生火灾时,火灾报警器报警后,自动控制系统控制阀门排气、充水,由干式变为湿式系统。适用于对装修要求高,灭火需要及时的建筑。其系统组成如图 6.6 所示,工作原理流程如图 6.7 所示。

4. 雨淋系统

雨淋系统为喷头常开的灭火系统,建筑发生火灾时,则自动控制装置打开集中控制阀门,使整个保护区域所有喷头喷水灭火。适用于火灾蔓延速度快、危害性大的建筑。

其组成如图 6.8 和图 6.9 所示,工作原理流程如图 6.10 所示。

5. 水幕系统

水幕系统的喷头沿线状布置,发生火灾时主要起阻火、冷却、隔离作用。适用于需要防火隔离的开口部位,如消防防火卷帘的冷却等。

1
2
3 4
5
6
7
8
9-10
11
12
13
14
15
16
17
18
19
20
21
22
23
接充气设备

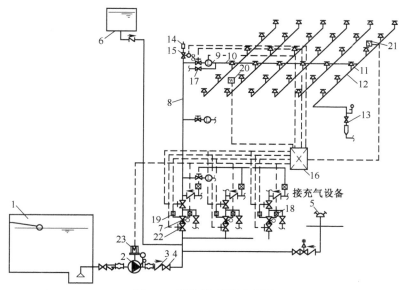

图 6.6　预作用系统示意图

1—消防水池；2—水泵；3—止回阀；4—闸阀；5—水泵接合器；6—消防水箱；7—预作用报警阀组；8—配水干管；9—水流指示器；10—配水管；11—闭式喷头；12—配水支管；13—末端试水装置；14—排气阀；15—电动阀；16—报警控制器；17—泄水阀；18—压力开关；19—电磁阀；20—感温探测器；21—感烟探测器；22—信号阀；23—驱动电机

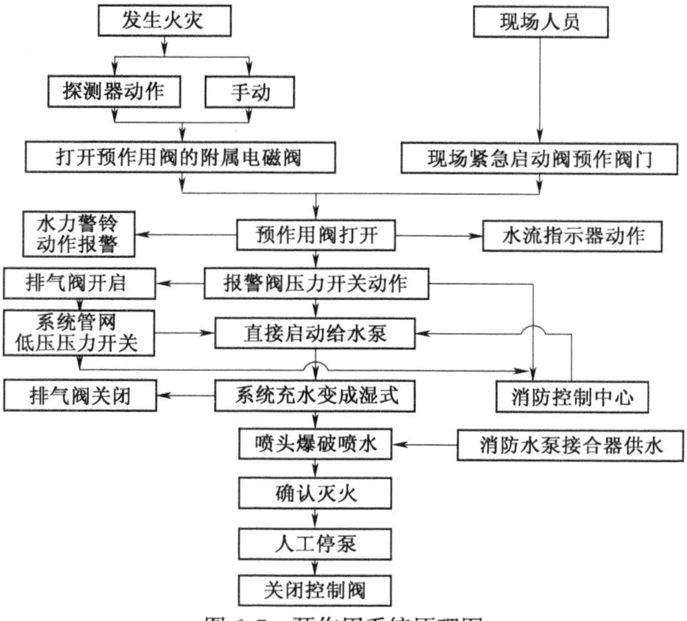

发生火灾
现场人员
探测器动作
手动
打开预作用阀的附属电磁阀
现场紧急启动阀预作阀门
水力警铃动作报警
预作用阀打开
水流指示器动作
排气阀开启
报警阀压力开关动作
系统管网低压压力开关
直接启动给水泵
排气阀关闭
系统充水变成湿式
消防控制中心
喷头爆破喷水
消防水泵接合器供水
确认灭火
人工停泵
关闭控制阀

图 6.7　预作用系统原理图

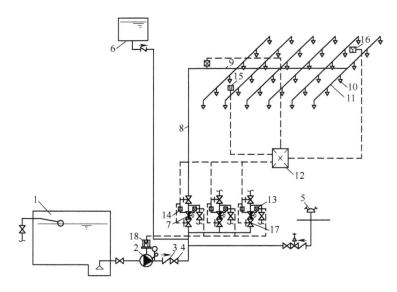

图 6.8　电动雨淋系统示意图

1—消防水池;2—水泵;3—止回阀;4—闸阀;5—水泵接合器;6—消防水箱;
7—雨淋报警阀组;8—配水干管;9—配水管;10—闭式喷头;11—配水支管;12—报警控制器;
13—压力开关;14—电磁阀;15—感温探测器;16—感烟探测器;17—信号阀;18—驱动电机

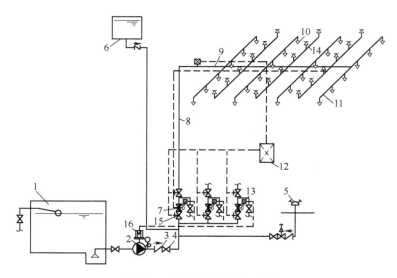

图 6.9　液动雨淋系统示意图

1—消防水池;2—水泵;3—止回阀;4—闸阀;5—水泵接合器;6—消防水箱;
7—雨淋报警阀组;8—配水干管;9—配水管;10—闭式喷头;11—配水支管;
12—报警控制器;13—压力开关;14—开式喷头;15—信号阀;16—驱动电机

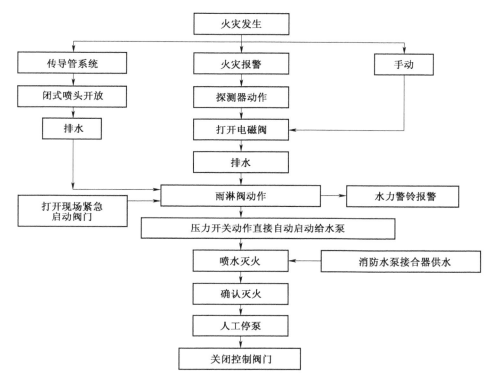

图 6.10 雨淋系统原理图

6. 水喷雾系统

1）概念

水喷雾是指应用预先设定的具有一定形式、粒径、流速的喷头和装置,在一定的压力下使水喷出的一定强度的水雾。水喷雾灭火系统的组成和雨淋系统相似,仅采用的喷头不同。水喷雾灭火系统采用水雾喷头。水雾喷头喷出水滴的粒径是小于 1 mm 的雾状水滴。

2）功能

水喷雾系统通常应用于比较危险的场所,提供控火、灭火、预防和暴露防护(防止火灾蔓延)。

（1）控火

水喷雾喷洒到易燃物表面,使其不易完全灭火,从而达到对燃烧进行控制。

（2）灭火

通过冷却、产生水蒸气窒息、乳化液体使其成为水包油以及在某些情况下的稀释作用等作用方式进行灭火。

（3）预防

利用水喷雾的溶解、稀释、扩散及冷却等作用使得易燃物或者将易燃物的蒸汽浓度降至燃烧极限以下来预控火灾的发生。

（4）暴露防护

水喷雾降低从燃烧物传递到建筑构件或设备的热量，从而防止火灾蔓延。

3）分类

根据水喷雾喷头的进口最低压力及水滴粒径为标准，可分为中速和高速水喷雾系统。

（1）喷头的进口压力为 0.15~0.50 MPa，水滴粒径为 0.4~0.8 mm。

（2）喷头的进口压力为 0.25~0.80 MPa，水滴粒径为 0.3~0.4 mm。

4）适用范围

可以有效扑救固体火灾、闪点高于 60 ℃ 的液体火灾和油浸式电气设备火灾。

7. 重复启闭预作用灭火系统

重复启闭预作用系统是灭火后，火场温度下降，系统自动关闭。若燃烧复燃，则又可自动打开。

重复启闭预作用系统用在惧怕水渍损害的场所。例如烟草仓库、棉花仓库等。

8. 自动喷水—泡沫联用系统

配置供给泡沫混合液的设备后，组成既可喷水又可以喷泡沫的自动喷水灭火系统。功能有灭火、预防及暴露防护。类型有两种，一种是先喷泡沫后喷水，另一种是先喷水后喷泡沫。

9. 其他系统

主要有干湿两用系统、防冻（湿式）系统、室外暴露防护系统、干式—预作用联合系统、闭合循环系统、细水雾系统等。

6.2　自动喷水灭火系统的喷头及控制配件

自动喷水灭火系统主要由洒水喷头、报警阀组、水流报警装置、末端试水装置和管网等组件组成。

1. 洒水喷头

1）喷头分类

根据喷头结构洒水喷头分为闭式喷头和开式喷头两种。

闭式喷头具有定温探测器、定温阀和布水器的功能，由热敏元件（玻璃泡或易熔合金）、密封件等零件组成。平时出水口由释放机构封闭。当达到动作温度时，则玻璃泡破裂或易熔合金热敏感元件熔化，释放机构自动脱落，喷头开启喷水。其构造按溅水盘的形式和安装位置有直立型、下垂型、边墙型、普通型、吊顶型和干式下垂型洒水喷头之分。

开式喷头(包括水幕喷头)没有释放机构,喷口呈常开状态。开式喷头根据用途又分为开启式、水幕、喷雾三种类型。

2)喷头选型

(1)对于湿式自动喷水灭火系统,在吊顶下布置喷头时,应采用下垂型或吊顶型喷头;顶板为水平面的轻危险级、中危险级I级居室和办公室,可采用边墙型喷头;易受碰撞的部位,应采用带保护罩的喷头或吊顶型喷头;在不设吊顶的场所内设置喷头,当配水支管布置在梁下时,应采用直立型喷头。

(2)对于干式系统和预作用系统,应采用直立型喷头或干式下垂型喷头。

(3)对于水幕系统,防火分隔水幕应采用开式洒水喷头或水幕喷头,防护冷却水幕应采用水幕喷头。

(4)对于公共娱乐场所,中庭环廊,医院、疗养院的病房及治疗区域,老年、少儿、残疾人的集体活动场所,地下的商业及仓储用房,宜采用快速响应喷头。

(5)闭式系统的喷头,其公称动作温度宜高于环境最高温度30 ℃。

3)喷头布置

同一根配水支管上喷头的间距及相邻配水支管的间距,应根据系统的喷水强度、喷头的流量系数和工作压力确定,并应符合表6.1的要求。

表 6.1　同一根配水支管上喷头的间距及相邻配水支管的间距

喷水强度 (L/(min · m²))	正方形布置 的边长(m)	矩形或平行四边形 布置的长边边长(m)	一只喷头的最大 保护面积(m²)	喷头与端墙的 最大距离(m)
4	4.4	4.5	20.0	2.2
6	3.6	4.0	12.5	1.8
8	3.4	3.6	11.5	1.7
≥12	3.0	3.6	9.0	1.5

同一场所内的喷头应布置在同一个平面上,并应贴近顶板安装,使闭式喷头处于有利于接触火灾烟气的位置。直立型、下垂型标准喷头溅水盘与顶板的距离不应小于75 mm、不应大于150 mm。

当在梁或其他障碍物的下方布置喷头时,喷头与顶板之间的距离不得大于300 mm。梁和障碍物及密肋梁板下布置的喷头,溅水盘与梁等障碍物及密肋梁板底面的距离,不得小于25 mm 不得大于100 mm。

在梁间布置的喷头,在符合喷头与梁等障碍物之间距离规定的前提下,喷头溅水盘与顶板的距离不应大于550 mm,以避免洒水遭受阻挡。仍不能达到上述要求时应在梁底面下方增设喷头。

净空高度不超过8 m的场所,间距不超过4 m×4 m的十字梁,可在梁间布置1只喷头,其保护范围内的喷水强度应采取提高喷头工作压力或采用大流量喷头的方法予以保证。

边墙型喷头的最大保护跨度和间距应符合表6.2的规定。

表6.2　边墙型标准喷头的最大保护跨度和间距(m)

设置场所火灾危险等级	轻危险级	中危险级Ⅰ级
配水支管上喷头的最大间距	3.6	3.0
单排喷头的最大保护跨度	3.6	3.0
两排相对喷头的最大保护跨度	7.2	6.0

注:1. 两排相对喷头应交错布置;

2. 室内跨度大于两排相对喷头的最大保护跨度时,应在两排相对喷头中间增设一排喷头。

边墙型喷头的两侧1 m和前方2 m范围内,以及顶板或吊顶下不得有阻挡喷水的障碍物。边墙型标准喷头溅水盘与顶板的距离应符合表6.3的规定。

表6.3　边墙型标准喷头布置要求(mm)

边墙型喷头型式	溅水盘与顶板的距离	溅水盘与背墙的距离
直立式	100~150	50~100
水平式	150~300	可小于100

早期抑制快速响应(ESFR)喷头的布置应符合表6.4的要求。

表6.4　ESFR喷头溅水盘与顶板的距离(mm)

喷头安装方式	直立型		下垂型	
	不应小于	不应大于	不应小于	不应大于
溅水盘与顶板的距离	100	150	150	360

2. 报警阀组

报警阀的功能是开启和关闭管网的水流,传递控制信号至控制系统并启动水力警铃直接报警。报警阀组分为湿式报警阀组、干式报警阀组、雨淋报警阀组和预作用报警装置。湿式报警阀用于湿式自动喷水灭火系统;干式报警阀用于干式自动喷水灭火系统;干湿式报警阀是由湿式、干式报警阀依次连接而成,在温暖季节用湿式装置,在寒冷季节则用干式装置。

1)报警阀组的结构及工作原理

(1)湿式报警阀组

①结构原理

湿式报警阀只允许水流入系统并在规定压力、流量下驱动配套部件报警的一种单向阀。湿式报警阀组主要由报警阀,延迟器、水力警铃、压力开关、控制阀等组成报警阀组。其结构如图 6.11 所示,实物照片如图 6.12 所示。

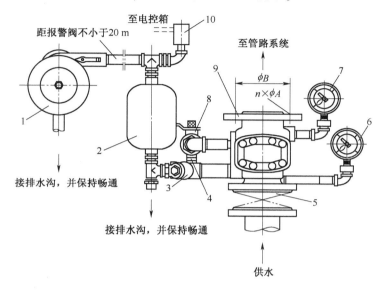

图 6.11 湿式报警阀组

1—水力警铃;2—延迟器;3—过滤器;4—试验球阀;5—水源控制阀;6—进水侧压力表;
7—出水侧压力表;8—排水球阀;9—报警阀;10—压力开关

图 6.12 湿式报警阀组实物照片

②工作原理

报警阀主要结构原理为单向阀。

报警阀的结构有两种,即隔板座圈型和导阀型。隔板座圈型湿式报警阀的结构如图 6.13 所示。

隔板座圈型湿式报警阀上设有进水口、报警口、测试口、检修口和出水口,阀内

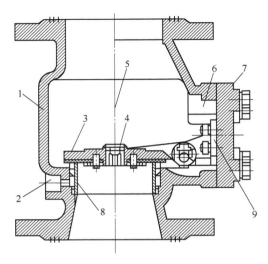

图 6.13　隔板座圈型湿式报警阀
1—阀体;2—报警口;3—阀瓣;4—补水单向阀;5—测试口;
6—检修口;7—阀盖;8—座圈;9—支架

部设有阀瓣、阀座等组件,是控制水流方向的主要可动密封件。在准工作状态,阀瓣上下充满水,水压强近似相等。由于阀瓣上面与水接触的面积大于下面的水接触面积,阀瓣受到的水压合力向下。在水压力及自重的作用下,阀瓣坐落在阀座上,处于关闭状态。当水源压力出现波动或冲击时,通过补偿器(或补水单向阀)使上下腔压力保持一致,水力警铃不发生报警,压力开关不接通,阀瓣仍处于准工作状态。补偿器具有防止误报或误动作功能。闭式喷头喷水灭火时,补偿器来不及补水,阀瓣上面的水压下降,当下降到使下腔的水压足以开启阀瓣时,下腔的水便向洒水管网及动作喷头供水,同时水沿着报警阀的环形槽进入报警口,流向延迟器、水力警铃,警铃发出声响报警,压力开关开启,给出电接点信号报警并启动自动喷水灭火系统给水泵。

(2)干式报警阀组

①干式报警阀组的组成

干式报警阀组主要由干式报警阀、水力警铃、压力开关、空压机、安全阀、控制阀等组成,如图 6.14 所示。报警阀的阀瓣将阀门分成两部分,出口侧与系统管路相连,内充压缩空气,进口侧与水源相连,配水管道中的气压抵住阀瓣,使配水管道始终保持干管状态,通过两侧气压和水压的压力变化控制阀瓣的封闭和开启。喷头开启后,干式报警阀自动开启,其后续的一系列动作类似于湿式报警阀组。实物照片如图6.15 所示。

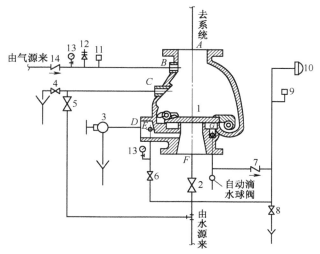

图 6.14 干式报警阀组

A—报警阀出口;B—充气口;C—注水排水口;D—主排水口;E—试警铃口;F—供水口;G—信号报警口

1—报警阀;2—水源控制阀;3—主排水阀;4—排水阀;5—注水阀;6—试警铃阀;

7—止回阀;8—小孔阀;9—压力开关;10—警铃;11—低压压力开关;12—安全阀;

13—压力表;14—止回阀

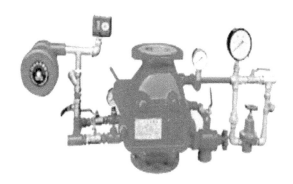

图 6.15 干式报警阀组实物照片

②干式报警阀工作原理

干式报警阀的构造如图 6.16 所示。其中的阀瓣、水密封阀座、气密封阀座组成隔断水、气的可动密封件。在准工作状态,报警阀处于关闭位置,橡胶面的阀瓣紧紧地合于两个同心的水、气密封阀座上,内侧为水密封圈,外侧为气密封圈,内外侧之间的环形隔离室与大气相通,大气由报警接口配管通向平时开启的自动滴水球阀。在注水口加水,加到打开注水排水阀有水流出为止,然后关闭注水口。注水是为了使气垫圈起密封作用,防止系统中的空气泄漏到隔离室或大气中。只要管道的气压保持在适当值,阀瓣就始终处于关闭状态。

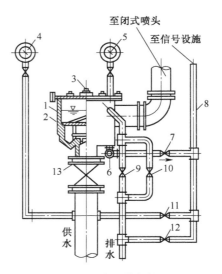

图 6.16 干式报警阀构造图

1—阀体;2—差动双盘阀板;3—充气塞;4—阀前压力表;5—阀后压力表;6—角阀;
7—止回阀;8—信号管;9—截止阀;10—截止阀;11—截止阀;12—小孔阀;13—总闸阀

（3）雨淋报警阀组

①雨淋报警阀组的组成

雨淋报警阀是通过电动、机械或其他方法开启,使水能够自动流入喷水灭火系统同时进行报警的一种单向阀。按照其结构可分为隔膜式、推杆式、活塞式、蝶阀式雨淋报警阀。雨淋报警阀广泛应用于雨淋系统、水幕系统、水雾系统、泡沫系统等各类开式自动喷水灭火系统中。雨淋报警阀组的组成如图 6.17 所示。实物照片如图6.18 所示。

②雨淋阀工作原理

雨淋阀是水流控制阀,可以通过电动、液动、气动及机械方式开启,其构造如图6.19 所示。

雨淋阀的阀腔分成上腔、下腔和控制腔三部分。控制腔与供水管道连通,中间设限流传压的孔板。供水管道中的压力水推动控制腔中的膜片、进而推动驱动杆顶紧阀瓣锁定杆,锁定杆产生力矩,把阀瓣锁定在阀座上。阀瓣使下腔的压力水不能进入上腔。控制腔泄压时,使驱动杆作用在阀瓣锁定杆上的力矩低于供水压力作用在阀瓣上的力矩,于是阀瓣开启,供水进入配水管道。

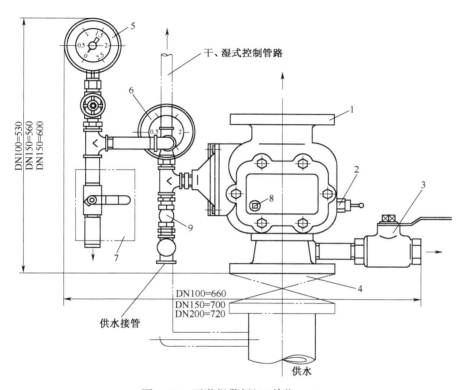

图 6.17　雨淋报警阀组(单位:mm)

1—雨淋阀;2—自动滴水阀;3—排水球阀;4—供水控制阀;5—隔膜室压力表;
6—供水压力表;7—紧急手动控制装置;8—阀碟复位轴;9—节流阀

图 6.18　雨淋报警阀组实物照片

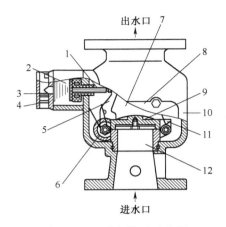

图 6.19　雨淋阀构造示意图

1—驱动杆总成；2—侧腔；3—固锥弹簧；4—节流孔；5—锁止机构；6—复位手轮；
7—上腔；8—检修盖板；9—阀瓣总成；10—阀体总成；11—复位扭簧；12—下腔

（4）预作用报警装置

预作用报警装置由预作用报警阀组、控制盘、气压维持装置和空气供给装置等组成，通过电动、气动、机械或者其他方式控制报警阀组开启，使水能够单向流入喷水灭火系统的同时进行报警的一种单向阀组装置。其结构如图 6.20 所示。

2）报警阀组设置要求

报警阀组宜设在安全及易于操作、检修的地点，环境温度不低于 4 ℃且不高于 70 ℃，距地面的距离宜为 1.2 m。水力警铃应设置在有人值班的地点附近，其与报警阀连接的管道直径应为 20 mm，总长度不宜大于 20 m；水力警铃的工作压力不应大于 0.05 MPa。

保护室内钢屋架等建筑构件的闭式系统，应设置独立的报警阀组。水幕系统应设置独立的报警阀组或感温雨淋阀。

一个报警阀组控制的喷头数，对于湿式系统、预作用系统不宜超过 800 只，对于干式系统不宜超过 500 只。串联接入湿式系统配水干管的其他自动喷水灭火系统，应分别设置独立的报警阀组，其控制的喷头数计入湿式阀组控制的喷头总数。每个报警阀组供水的最高和最低位置喷头的高程差不宜大于 50 m。

3. 水流报警装置

水流报警装置主要有水力警铃、水流指示器、压力开关。

1）水力警铃

水力警铃主要用于湿式喷水灭火系统，宜装在报警阀附近（其连接管不宜超过 6 m）。当报警阀打开消防水源后，具有一定压力的水流冲动叶轮打铃报警。水力警铃不得由电动报警装置取代。如图 6.21 和图 6.22 所示。

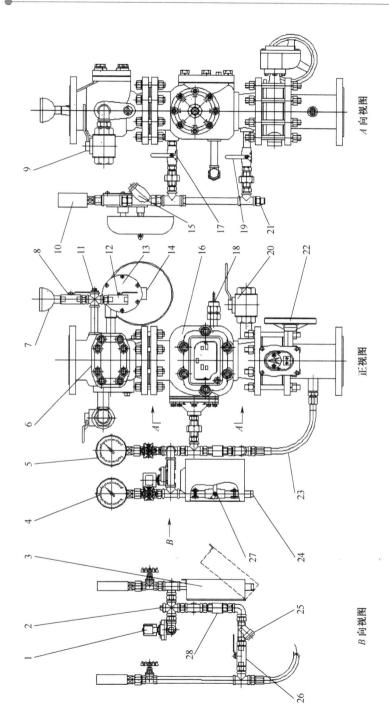

图 6.20　预作用报警装置示意图

1—启动电磁阀；2—远程引导启动方式接口；3—紧急启动盒；4—隔膜室压力表；5—补水压力表；6—隔离单向阀；7—底水漏斗；8—加底水阀；9—试验排水阀；10—压力开关；11—压缩空气接口；12—排多余底水阀；13—水力警铃；14—警铃排水口；15—报警通道过滤器；16—雨淋报警阀；17—报警试验阀；18—滴水阀；19—报警试验阀；20—排水阀；21—报警试验排水口；22—进水蝶阀；23—补水软管；24—紧急启动排水口；25—补水通道过滤器；26—补水阀；27—紧急启动阀；28—补水隔离单向阀

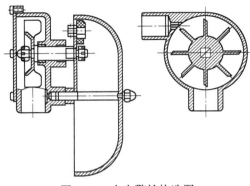

图 6.21　水力警铃构造图

图 6.22　水力警铃图片

2）水流指示器

（1）水流指示器的组成

水流指示器是用于自动喷水灭火系统中将水流信号转换成电信号的一种水流报警装置，一般用于湿式、干式、预作用、循环启闭式、自动喷水—泡沫联用系统中。水流指示器的叶片与水流方向垂直，喷头开启后引起管道中的水流动，当浆片或膜片感知水流的作用力时带动传动轴动作，接通延时线路，延时器开始计时，20～30 s 之后，到达延时设定时间后叶片仍向水流方向偏转无法回位，电触点闭合输出信号，送至消防控制室。当水流停止时，叶片和动作杆复位，触点断开，信号消除。通常将水流指示器安装于各楼层的配水干管或支管上。水流指示器的结构和实物如图 6.23 和图6.24 所示。

（2）水流指示器设置要求

水流指示器的功能是及时报告发生火灾的部位。设置闭式自动喷水灭火系统的建筑内，每个防火分区和每个楼层均应设置水流指示器。当水流指示器前端设置控制阀时，应采用信号阀。仓库内顶板下喷头与货架内喷头应分别设置水流指示器。

3）压力开关

（1）压力开关组成

压力开关是一种压力传感器，是自动喷水灭火系统中的一个部件，其作用是将系统的压力信号转化为电信号，报警阀开启后，报警管道充水，压力开关受到水压的作用后接通电触点，输出报警阀开启及启动供水泵的信号，报警阀关闭时电触点断开。压力开关垂直安装于延迟器和水力警铃之间的管道上。在水力警铃报警的同时，依靠警铃管内水压的升高自动接通电触点，完成电动警铃报警，向消防控制室传送电信号或启动消防水泵。

压力开关构造和实物如图 6.25 和图 6.26 所示。

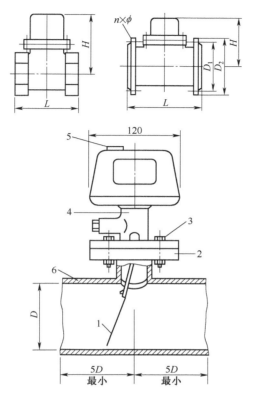

图 6.23　螺纹式和法兰式水流指示器(单位:mm)
1—浆片;2—法兰底座;3—螺栓;4—本体;5—接线孔;6—管道

图 6.24　水流指示器

(2)压力开关设置要求

压力开关安装在延迟器出口后的报警管道上。自动喷水灭火系统应采用压力开关控制稳压泵,并应能调节启停稳压泵的压力。

雨淋系统和防火分隔水幕,其水流报警装置宜采用压力开关。

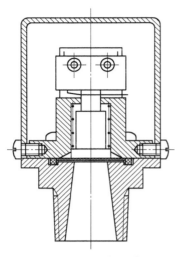

图 6.25 压力开关

图 6.26 压力开关实物照片

4. 延迟器

延迟器是一个罐式容器,如图 6.27 所示,入口与报警阀的报警水流通道连接,出口与压力开关和水力警铃连接,延迟器入口前安装过滤器。延迟器安装于报警阀与水力警铃(或压力开关)之间。用来防止由于水压波动原因引起报警阀开启而导致的误报。报警阀开启后,水流需经 30 s 左右充满延迟器后方可冲打水力警铃。如图 6.27~图 6.29 所示。

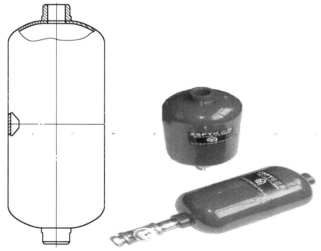

图 6.27 延迟器　　图 6.28 延迟器实物照片　　图 6.29 延迟器安装的相对位置

5. 火灾探测器

火灾探测器是自动喷水灭火系统的配套组成部分。目前常用的有感烟、感温探测器,感烟探测器是利用火灾发生地点的烟雾浓度进行探测;感温探测器是通过火灾引起的温升进行探测。火灾探测器布置在房间或走道的天花板下面,其数量应根据探测器的保护面积和控测区面积计算而定。

6. 末端试水装置

(1)末端试水装置由试水阀、压力表以及试水接头等组成,其作用是检验系统的可靠性,测试干式系统和预作用系统的管道充水时间。末端试水装置构造如图6.30所示。实物照片如图6.31所示。

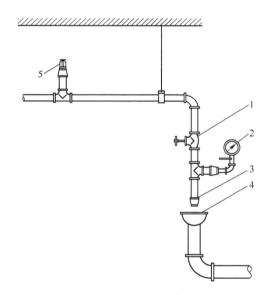

图6.30　末端试水装置

1—截止阀;2—压力表;3—试水接头;4—排水漏斗;5—最不利点处喷头

(2)设置要求

每个报警阀组控制的最不利点喷头处应设置末端试水装置,其他防火分区和楼层应设置直径为25 mm的试水阀。

末端试水装置和试水阀应设在便于操作的部位,且应有足够排水能力的排水设施。

末端试水装置应由试水阀、压力表以及试水接头组成。末端试水装置出水口的流量系数K,应与系统同楼层或同防火分区选用的喷头相等。末端试水装置的出水,应采取孔口出流的方式排入排水管道。

图 6.31 末端试水装置实物照片

7. 管道

配水管道应采用内外壁热镀锌钢管或铜管、涂覆钢管和不锈钢管,其工作压力不应大于 1. 20 MPa。系统管道的连接应采用沟槽式连接件(卡箍),或丝扣、法兰连接。配水管两侧每根配水支管控制的标准喷头数,轻、中危险级场所不应超过 8 只,同时在吊顶上下安装喷头的配水支管,上下侧均不超过 8 只。严重危险级和仓库危险级场所不应超过 6 只。短立管及末端试水装置的连接管,其管径不应小于 25 mm。

6.3 自动喷水灭火系统设计主要参数

自动喷水灭火系统设计的基本参数应按《自动喷水灭火系统设计规范》的规定选取,根据设置场所和保护对象特点,确定火灾危险等级、防护目的和设计基本参数。

6.3.1 火灾危险等级

自动喷水灭火系统设置场所的火灾危险等级,共分为 4 类 8 级,即轻危险级、中危险级(Ⅰ、Ⅱ级)、严重危险级(Ⅰ、Ⅱ级)和仓库危险级(Ⅰ、Ⅱ、Ⅲ级),见表 6.5。

(1)轻危险级

一般指可燃物品较少、火灾放热速率较低、外部增援和人员疏散较容易的场所。

(2)中危险级

一般指内部可燃物数量、火灾放热速率为中等,火灾初期不会引起剧烈燃烧的场所。大部分民用建筑和工业厂房划归中危险级。根据此类场所种类多、范围广的特点,划分为中Ⅰ级和中Ⅱ级。

(3)严重危险级

一般指火灾危险性大,且可燃物品数量多,火灾时容易引起猛烈燃烧并可能迅速蔓延的场所。

(4)仓库火灾危险级

根据仓库储存物品及其包装材料的火灾危险性,将仓库火灾危险等级划分为Ⅰ、Ⅱ、Ⅲ级。仓库火灾危险Ⅰ级一般是指储存食品、烟酒以及用木箱、纸箱包装的不燃难燃物品的场所;仓库火灾危险Ⅱ级一般是指储存木材、纸、皮革等物品和用各种塑料瓶盒包装的不燃物品及各类物品混杂储存的场所;仓库火灾危险Ⅲ级一般是指储存A组塑料与橡胶及其制品等物品的场所。

常见自动喷水灭火系统设置场所火灾危险等级划分举例见表6.5。

表6.5 自动喷水灭火系统设置场所火灾危险等级举例

火灾危险等级		设 置 场 所
轻危险级		建筑高度为24 m及以下的旅馆、办公楼;仅在走道设置闭式系统的建筑等
中危险级	Ⅰ级	(1)高层民用建筑:旅馆、办公楼、综合楼、邮政楼、金融电信楼、指挥调度楼、广播电视楼(塔)等; (2)公共建筑(含单多高层):医院、疗养院;图书馆(书库除外)、档案馆、展览馆(厅);影剧院、音乐厅和礼堂(舞台除外)及其他娱乐场所;火车站和飞机场及码头的建筑;总建筑面积小于5 000 m³的商场、总建筑面积小于1 000 m³的地下商场等; (3)文化遗产建筑:木结构古建筑、国家文物保护单位等; (4)工业建筑:食品、家用电器、玻璃制品等工厂的备料与生产车间等;冷藏库、钢屋架等建筑构件
	Ⅱ级	(1)民用建筑:书库、舞台(葡萄架除外)、汽车停车场、总建筑面积5 000 m²及以上的商场、总建筑面积1 000 m²及以上的地下商场、净空高度不超过8 m、物品高度不超过3.5 m的自选商场等; (2)工业建筑:棉毛麻丝及化纤的纺织、织物及制品、木材木器及胶合板谷物加工、烟草及制品、饮用酒(啤酒除外)、皮革及制品、造纸及纸制品、制药等工厂的备料与生产车间
严重危险级	Ⅰ级	印刷厂、酒精制品、可燃液体制品等工厂的备料与车间、净空高度不超过8 m、物品高度超过3.5 m的自选商场等
	Ⅱ级	易燃液体喷雾操作区域、固体易燃物品、可燃的气溶胶制品、溶剂清洗、喷涂油漆、沥青制品等工厂的备料及生产车间、摄影棚、舞台葡萄架下部
仓库危险级	Ⅰ级	食品、烟酒;木箱、纸箱包装的不燃难燃物品等
	Ⅱ级	木材、纸、皮革、谷物及制品、棉毛麻丝化纤及制品、家用电器、电缆、B组塑料与橡胶及其制品、钢塑混合材料制品、各种塑料瓶盒包装的不燃物品及各类物品混杂储存的仓库等
	Ⅲ级	A组塑料与橡胶及其制品;沥青制品等

续上表

火灾危险等级	设 置 场 所
备注	A 组塑料、橡胶:丙烯腈—丁二烯—苯乙烯共聚物(ABS)、缩醛(聚甲醛)、聚甲基丙烯酸甲酯、玻璃纤维增强聚酯(FRP)、热塑性聚酯(PET)、聚丁二烯、聚碳酸酯、聚乙烯、聚丙烯、聚苯乙烯、聚氨基甲酸酯、高增塑聚氯乙烯(PVC,如人造革、胶片等)、苯乙烯—丙烯腈(SAN)等。丁基橡胶、乙丙橡胶(EPDM)、发泡类天然橡胶、腈橡胶(丁腈橡胶)、聚酯合成橡胶、丁苯橡胶(SBR)等; B 组塑料、橡胶:醋酸纤维素、醋酸丁酸纤维素、乙基纤维素、氟塑料、锦纶(锦纶 6、锦纶 6/6)、三聚氰胺甲醛、酚醛塑料、硬聚氯乙烯(PVC,如管道、管件等)、聚偏二氟乙烯(PVDC)、聚偏氟乙烯(PVDF)、聚氟乙烯(PVF)、脲甲醛等; 氯丁橡胶、不发泡类天然橡胶、硅橡胶等。粉末、颗粒、压片状的 A 组塑料

6.3.2 系统设计基本参数

自动喷水灭火系统的设计参数应根据建筑物的不同用途、规模及其火灾危险等级等因数确定。

(1)民用建筑和工业厂房的系统设计基本参数

对于民用建筑和工业厂房,系统设计基本参数应符合表 6.6 的要求。仅在走道设置单排闭式喷头的闭式系统,其作用面积应按最大疏散距离所对应的走道面积确定;在装有网格、栅板类通透性吊顶的场所,系统的喷水强度应按表 6.6 规定值的 1.3 倍确定;干式系统的作用面积按表 6.6 规定值的 1.3 倍确定。系统最不利点处喷头的工作压力不应低于 0.05 MPa。

表 6.6 民用建筑和工业厂房的系统设计基本参数

火灾危险等级		净空高度 (m)	喷水强度 [L/(min·m²)]	作用面积 (m²)
轻危险级			4	160
中危险级	Ⅰ级	≤8	6	160
	Ⅱ级		8	
严重危险级	Ⅰ级		12	260
	Ⅱ级		16	

(2)非仓库类高大净空场所系统设计基本参数

对于非仓库类高大净空场所,湿式系统的设计基本参数应符合表 6.7 的要求。最大储物高度超过 3.5 m 的自选商场应按 16 L/(min·m²)确定喷水强度。

表6.7 非仓库类高大净空场所的系统设计基本参数

适用场所	净空高度 （m）	喷水强度 [L/(min·m²)]	作用面积 （m²）	喷头 选型	喷头最 大间距 （m）
中庭、影剧院、音乐厅、单一功能体育馆等	8~12	6	260	K=80	3
会展中心、多功能体育馆、自选商场等	8~12	12	300	K=115	

注：表中"~"两侧的数据，左侧为"大于"、右侧为"不大于"。

（3）不同仓库内系统设计基本参数

对于不同的仓库，系统的设计基本参数应根据仓库内物质的性质、储存的方式，以及系统所选用的喷头类型，按照《自动喷水灭火系统设计规范》的有关规定确定。

①堆垛储物仓库

Ⅰ级、Ⅱ级堆垛储物仓库和Ⅲ级分类堆垛储物仓库的系统设计基本参数分别不应低于表6.8和表6.9的规定。

表6.8 Ⅰ级、Ⅱ级堆垛储物仓库的系统设计基本参数

火灾危险等级	储物高度 （m）	喷水强度 [L/(min·m²)]	作用面积 （m²）	持续喷水时间 （h）
仓库危险级Ⅰ级	3.0~3.5	8	160	1.0
	3.5~4.5	8	200	1.5
	4.5~6.0	10		
	6.0~7.5	14		
仓库危险级Ⅱ级	3.0~3.5	10	200	2.0
	3.5~4.5	12		
	4.5~6.0	16		
	6.0~7.5	22		

注：本表适用于室内最大净空高度不超过9.0 m的仓库。

表 6.9　Ⅲ级分类堆垛储物仓库的系统设计基本参数

最大储物高度(m)	最大净空高度(m)	喷水强度[L/(min·m²)]				作用面积(m²)	持续喷水时间(h)
		袋装与无包装发泡塑料、橡胶	箱装发泡塑料、橡胶	箱装与袋装不发泡塑料、橡胶	无包装不发泡塑料、橡胶		
1.5	7.5	8.0				240	1
3.5	4.5	16.0	16.0	12.0	12.0		
	6.0	24.5	22.0	20.5	16.5		
	9.5	32.5	28.5	24.5	18.5		
4.5	6.0	20.5	18.5	16.5	12.0		
	7.5	32.5	28.5	24.5	18.5		
6.0	7.5	24.5	22.5	18.5	14.5		
	9.0	36.5	34.5	28.5	22.5		
7.5	9.0	30.5	28.5	22.5	18.5		

②货架储物仓库

Ⅰ级、Ⅱ级仓库危险级的货架储物仓库,系统的设计基本参数应符合表 6.10 的要求。

表 6.10　Ⅰ级、Ⅱ级货架储物仓库的系统设计基本参数

火灾危险等级		储物高度(m)	喷水强度[L/(min·m²)]	作用面积(m²)	持续喷水时间(h)
单排、双排货架	仓库危险级Ⅰ级	3.0~3.5	8	200	1.5
		3.5~4.5	12		
		4.5~6.0	18		
	仓库危险级Ⅱ级	3.0~3.5	12	240	1.5
		3.5~4.5	15	280	2.0
多排货架	仓库危险级Ⅰ级	3.5~4.5	12	200	1.5
		4.5~6.0	18		
		6.0~7.5	12+1J		
	仓库危险级Ⅱ级	3.0~3.5	12		
		3.5~4.5	18		
		4.5~6.0	12+1J		
		6.0~7.5	12+2J		

③混储仓库

当Ⅰ级、Ⅱ级仓库危险级的仓库中混杂储存有Ⅲ级仓库危险级的货品时,系统的

设计基本参数应符合表 6.11 的要求。

表 6.11　混储仓库的系统设计基本参数

储存货品 类　别	储存方式	储物高度 （m）	最大净空 高度(m)	喷水强度[L/ (min·m²)]	作用面积 （m²）	持续喷 水时间 （h）
储物中包括沥青制品或 者箱装 A 组塑料、橡胶	堆垛/货架	≤1.5	9.0	8	160	1.5
		1.5~3.0	4.5	12	240	2.0
		1.5~3.0	6.0	16	240	2.0
		3.0~3.5	5.0			
	堆垛	3.0~3.5	8.0	16	240	2.0
	货架	1.5~3.5	9.0	8+1J	160	2.0
储物中包括袋装 A 组塑料、橡胶	堆垛/货架	≤1.5	9.0	8	160	1.5
		1.5~3.0	4.5	16	240	2.0
		3.0~3.5	5.0			
	堆垛	1.5~2.5	9.0	16	240	2.0
储物中包括袋装不发泡 A 组塑料、橡胶	堆垛/货架	1.5~3.0	60	16	240	2.0
储物中包括袋装发泡 A 组塑料、橡胶	货架	1.5~3.0	6.0	8+1J	160	2.0
储物中包括轮胎 或纸卷	堆垛/货架	1.5~3.5	9.0	12	240	2.0

注:1. 无包装的塑料橡胶视同纸袋、塑料袋包装。

　　2. 货架内置喷头应采用与顶板下喷头相同的喷水强度,用水量应按开放 6 只喷头确定。

④采用早期抑制快速响应喷头的仓库

采用早期抑制快速响应喷头的仓库,其系统设计基本参数不应低于表 6.12 的规定。

(4)局部应用系统设计基本参数

室内最大净空高度不超过 8 m、且保护区域总建筑面积不超过 1 000 m² 的民用建筑可采用局部应用湿式自动喷水灭火系统,但系统应采用快速响应喷头,喷水强度不应低于 6 L/(min·m²),持续喷水时间不应低于 0.5 h。喷头的选型、布置和作用面积(按开放喷头数确定),应符合下列要求:

①采用 K=80 快速响应喷头的系统

采用流量系数 K=80 快速响应喷头的系统,喷头的布置应符合中危险级Ⅰ级场所的有关规定,作用面积应符合表 6.13 的规定。

表 6.12　采用早期抑制快速响应喷头仓库系统设计基本参数

储物类别	最大净空高度（m）	最大储物高度（m）	喷头流量系数 K	喷头最大间距(m)	作用面积内开放的喷头数	喷头最低工作压力（MPa）
Ⅰ级、Ⅱ级、沥青制品、箱装不发泡塑料	9.0	7.5	200	3.7	12	0.35
			360			0.10
	10.5	9.0	200		12	0.50
			360			0.15
	12.0	10.5	200	3.0	12	0.50
			360			0.20
	13.5	12.0	360		12	0.30
袋装不发泡塑料	9.0	7.5	200	3.7	12	0.35
			240			0.25
	9.5	7.5	200		12	0.40
			240			0.30
	12.0	10.5	200	3.0	12	0.50
			240			0.35
箱装发泡塑料	9.0	7.5	200	3.7	12	0.35
	9.5	7.5	200		12	0.40
			240			0.30

注：早期抑制快速响应喷头在保护最大高度范围内，如有货架应为通透性层板。

表 6.13　局部应用系统采用流量系数 K=80 快速响应喷头时的作用面积

保护区域总建筑面积和最大厅室建筑面积		开放喷头数
保护区域总建筑面积超过300 m² 或最大厅室建筑面积超过200 m²		10 只
保护区域总建筑面积不超过300 m²	最大厅室建筑面积不超过200 m²	8 只
	最大厅室内喷头少于6 只	大于最大厅室内喷头数2 只
	最大厅室内喷头少于3 只	5 只

②采用 K=115 快速响应扩展覆盖喷头的系统

采用 K=115 快速响应扩展覆盖喷头的系统，同一配水支管上喷头的最大间距和相邻配水支管的最大间距，正方形布置时不应大于 4.4 m，矩形布置时长边不应大于 4.6 m，喷头至墙的距离不应大于 2.2 m，作用面积应按开放喷头数不少于 6 只确定。

（5）水幕系统设计基本参数

水幕系统的设计基本参数应符合表 6.14 的要求。

表 6.14　水幕系统设计基本参数

水幕类别	喷水点高度(m)	喷水强度[L/(s·m)]	喷头工作压力(MPa)
防火分隔水幕	≤12	2	0.1
防护冷却水幕	≤4	0.5	

注:防护冷却水幕的喷水点高度每增加 1 m,喷水强度应增加 0.1L/(s·m),但超过 9 m 时喷水强度仍采用
　 1.0 L/(s·m)。

(6)持续喷水时间

除特殊规定外,系统的持续喷水时间,应按火灾延续时间不小于 1.0 h 确定。

6.4　自动喷水灭火系统喷头及管网布置

(1) 喷头布置

喷头的布置间距要求在所保护的区域内任何部位发生火灾都能得到一定强度的水量。

喷头的布置形式应根据天花板、吊顶的装修要求布置成正方形、长方形和菱形三种形式。

喷头的具体位置可设于建筑的顶板下、吊顶下。

布置成正方形、长方形和菱形三种形式,间距应按下列公式计算:

为正方形布置时,$A = 2R\cos 45°$

为长方形布置时,$\sqrt{A^2 + B^2} \leq 2R$

为菱形布置时,

$$A = 4R \cdot \cos 30° \cdot \sin 30°$$
$$A = 2R \cdot \cos 30° \cdot \cos 30°$$

式中　R——喷头的最大保护半径,m。

A,B——正方形、长方形和菱形的边长。

(2)管网布置

自动喷水灭火管网的布置,应根据建筑平面的具体情况布置成侧边式和中央布置式两种形式,如图 6.32 所示。

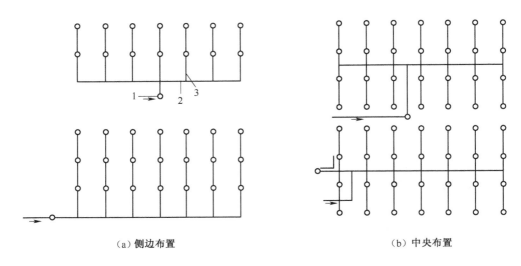

（a）侧边布置　　　　　　　　　　　（b）中央布置

图 6.32　管网布置形式
1—主配水管；2—配水管；3—配水支管

6.5　自动喷水灭火系统的水力计算方法推导和举例

自动喷水灭火系统水力计算的目的在于确定系统的消防流量，管网各管段管径、计算管网所需的供水压力、确定高位水箱的设置高度和选择消防水泵。作用面积法《自动喷水灭火系统设计规范》推荐的消防用水量计算方法。

6.5.1　水力计算的基本内容

1. 作用面积内喷头的出流量

$$q = K\sqrt{10P}$$

式中　q——喷头流量，L/min；

　　　P——喷头工作压力，MPa；

　　　K——喷头流量系数，标准喷头取 80。

2. 系统的设计流量（作用面积内流量）

在进行水力计算时，首先选定自动喷水灭火系统中最不利工作作用面积（以 F 表示）的位置，此作用面积的形状宜采用正方形或长方形。

在自动喷水灭火系统的消防流量计算，规范规定应按最不利点处作用面积内喷头同时喷水的总流量确定。其计算公式为：

$$Q_s = \sum_{i=1}^{n} q_i$$

式中　Q_s——系统设计流量，L/s；

　　　q_i——最不利点处作用面积内各喷头节点的流量，L/min；

　　　n——最不利点处作用面积内的喷头数。

当采用长方形布置时，其长边应平行于配水支管，边长宜为作用面积的 1.2 倍。

3. 沿程水头损失和局部水头损失

规范规定，每米管道的水头损失按下式计算：

$$i = 0.000\,010\,7\,\frac{V^2}{d_j^{1.3}}$$

式中　i——每米管道的水头损失，MPa/m；

　　　V——管道内的平均流速，m/s；

　　　d_j——管道的计算内径，m，取值应按管道的内径减 1 mm 确定。

沿程水头损失的公式为：

$$h = iL = ALQ^2$$

式中　h——计算管段沿程水头损失，mH_2O；

　　　L——计算管段长度，m；

　　　A——管段的比阻值，s^2/L^2；

　　　Q——管段中的流量，L/s。

管道的局部水头损失宜采用当量长度法计算，具体见规范。

4. 系统供水压力或水泵所需扬程

$$H = \sum h + P_0 + Z$$

式中　H——系统所需水压或水泵扬程，MPa；

　　　$\sum h$——管道的沿程和局部水头损失的累计值，MPa；湿式报警阀、水流指示器取值 0.02 MPa，雨淋阀取值 0.07 MPa；

　　　P_0——最不利点处喷头的工作压力，MPa；

　　　Z——最不利点处喷头与消防水池的最低水位或系统入口管水平中心线之间的高程差，MPa。

5. 管段系统的减压措施

自动喷水灭火系统分支多，每个喷头位置不同，喷头出口压力也不同。为了使各分支管段水压均衡，可采用减压孔板、节流管或减压阀消除多余水压。

6.5.2　自动喷水灭火系统的设计与计算步骤

(1)根据自动喷水灭火系统设置场所的环境条件、火灾特点、保护对象的需要，选定系统类型；

（2）确定保护区的火灾危险等级；

（3）确定与火灾危险等级相应的喷水强度和作用面积；

（4）按确定的喷水强度和建筑设置场所的环境条件、保护对象选择喷头和选定 1个喷头的最大保护面积和喷头间距；

（5）选定喷头类型，按确定的喷头间距在保护区内布置喷头和管网；

（6）初步确定管网的公称管径；

（7）确定最不利点处作用面积值；

（8）确定作用面积内布置的标准喷头数量；

（9）确定包含最不利点喷头在内的作用面积的形状和大小；

（10）计算第一个（最不利点处）喷头的流量和压力；

（11）依此类推计算出作用面积内所有的喷头流量，确定自动喷水灭火系统的用水量；

（12）计算出消防泵的所需流量和扬程。

6.5.3 作用面积的计算方法推导

随着建筑设计的多样化，其面积形式的计算也出现更多的形式。在进行水力计算时，当在压力最不利点所在的区域满足最小喷洒流量的要求时，而其他区域就会有或多或少压力过剩的情况。

因此，这里利用 Excel，采用压力试算法，进行作用面积内消防流量的精确计算。其目的是对系统进行优化设计，保证在水压较高的区域（例如在建筑物的下部），能够通过调节管径的大小，平衡压力，降低在实际灭火过程中的水量使用，进而降低水池的容积和水泵的流量，同时节约管材，提高经济效益。

1. 计算命题证明

命题：对于枝状的自动喷水灭火系统，某管段一侧的喷水流量的叠加值和该管段某一点的压力大小的平方根成正比。其表达式为：

$$\sum_{i=1}^{n} q_i = C\sqrt{H_m}$$

式中　q_i——某管段第 i 个喷头的流量；

　　　H_m——该管段上某一点 m 所对应的压力；

　　　C——常数。

图 6.33 为某自动喷水系统的局部示意图。水平横支管Ⅱ和水平横干管Ⅰ的交点为 B，水平横支管Ⅱ有喷头。需要证明支管Ⅱ上的喷头流量的叠加和该管段上任一点的压力成正比，证明中把这一点选择为 B 点，需要证明的公式为：

$$\sum_{i=1}^{n} q_i = C\sqrt{H_B}$$

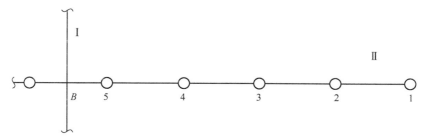

图 6.33　自动喷水灭火系统局部示意图

证明：

根据规范规定,喷头的流量应按下式计算：

$$q = K\sqrt{10P}$$

喷头流量系数 $K=80$。

式 $q = K\sqrt{10P}$ 可以转化为下式：

$$q = K\sqrt{H}$$

式中　H——喷头工作压力,mH_2O。

　　　K——喷头流量系数,$K=0.42$。

式 $q = K\sqrt{H}$ 通过变形可以获得：

$$H = \frac{q^2}{K^2}$$

规范规定,每米管道的水头损失按下式计算：

$$i = 0.000\,010\,7\,\frac{V^2}{d_j^{1.3}}$$

通过该式可以获得管段的沿程水头损失的公式为：

$$h = iL = ALQ^2$$

首先采用数学归纳法证明任一喷头的流量和 B 点的压力平方根成正比,当 i 为自然数时,即 $q_i = C_i\sqrt{H_B}$

为简化推导公式,管道的局部水头损失按其沿程水头损失的 20% 计算。

当管段只有一个喷头作用时,即 $n=1$ 时,有：

$$H_B - H_1 = 1.2A_{1\text{-}B}L_{1\text{-}B}q_1^2$$

若 $L_{1\text{-}B}$ 中有 n 个不同的管段组成,则定义：

$$A_{1-\text{B}}L_{1-\text{B}} = \sum_{i=1}^{n-1} A_{i-(i+1)}L_{i-(i+1)} + A_{n-\text{B}}L_{n-\text{B}}$$

根据式 $H = \dfrac{q^2}{K^2}$ 可得：

$$H_1 = \frac{q_1^2}{K^2}$$

该式和式 $H_\text{B} - H_1 = 1.2A_{1-\text{B}}L_{1-\text{B}}q_1^2$ 联立可解得：

$$q_1 = \sqrt{\frac{1}{\dfrac{1}{K^2} + 1.2A_{1-\text{B}}L_{1-\text{B}}}} \cdot \sqrt{H_\text{B}}$$

令 $C_1 = \sqrt{\dfrac{1}{\dfrac{1}{K^2} + 1.2A_{1-\text{B}}L_{1-\text{B}}}}$ ，则 $q_1 = C_1 \cdot \sqrt{H_\text{B}}$ ，命题成立。

假设当 $n=k$ 时，从 1 到 k 个喷头的流量满足命题，即：

$$q_i = C_i\sqrt{H_\text{B}} \qquad i \leqslant k$$

当 $n=k+1$ 时，有

$$H_{k+1} - H_k = 1.2A_{k-(k+1)}L_{k-(k+1)}\sum_{i=1}^{k} q_i^2$$

$$H_k = \frac{q_k^2}{K^2}$$

$$H_{k+1} = \frac{q_{k+1}^2}{K^2}$$

上述 4 式联立可解得：

$$q_{k+1} = \sqrt{1.2A_{k-(k+1)}L_{k-(k+1)} \cdot K^2 \cdot \sum_{i=1}^{k} C_i^2 + C_k^2} \cdot \sqrt{H_\text{B}}$$

令 $C_{k+1} = \sqrt{1.2A_{k-(k+1)}L_{k-(k+1)} \cdot K^2 \cdot \sum_{i=1}^{k} C_i^2 + C_k^2}$

有 $q_{k+1} = C_{k+1} \cdot \sqrt{H_\text{B}}$ ，则 $q_i = C_i\sqrt{H_\text{B}}$ 命题成立。

根据该命题可以推导出：

$$\sum_{i=1}^{n} q_i = \sum_{i=1}^{n} C_i \cdot \sqrt{H_\text{B}}$$

令 $C = \sum_{i=1}^{n} C_i$ ，则 $\sum_{i=1}^{n} q_i = C\sqrt{H_\text{B}}$ 原命题成立。

可以证明,当局部损失采用当量长度法计算时,也可以证明原命题成立。

2. 有关命题的说明

1)B 点可以在计算管段上任意选择,命题仍然成立。

2)计算管段上任意一个喷头的流量和选定点的压力的平方根成正比,而计算管段上任意个喷头的组合的流量也和该选定点的压力的平方根成正比。

3)当管道系统确定,喷头的数量和位置确定,则 C 为确定的常数。

因此,在计算中可以通过选定计算管段上已知点的压力为计算基础(例如 B 点),假设某一个喷头的流量或者压力,进行水力计算,从而推算出常数 C,进而根据实际压力得出计算喷头的流量的叠加值。但这种计算仅仅可以方便地确定设计的管道系统的流量,而不能通过增大或者缩小管径对系统进行优化。因此,研究提出采用 Excel,利用试算法原理对系统进行计算和优化。

3. 计算原则和压力试算方法

1)计算原则:

在作用面积内各个管段的计算中,主要分为压力控制管段和非压力控制管段。

(1)压力控制管段

压力控制管段主要是控制系统的压力,因此,此管段的水速需要采用经济流速,以取得较好的经济性。此计算采用水力计算表,能够较好地选用经济流速,也符合规范的规定。

(2)非压力控制管段

该管段一般压力过剩,因此流速并不需要采用经济流速。即按规范规定的最小管径进行设计,以提高水力坡度,消除多余的压力,并降低整个工程的造价。因此,非压力控制管段,其计算水力坡度采用计算公式进行计算。

2)压力试算法:

压力试算法即在作用面积内的压力控制管段采用实算,在非压力控制管段采用试算,并不断优化调整管径,直至两种管段交点的压力一致为止。则可叠加获得作用面积内的消防流量。

6.5.4 作用面积流量的计算举例

计算图如图 6.34 所示。

(1)计算程序

①先确定作用面积内最不利作用点(喷头处)的压力。按规范规定需要满足两点:规范规定的最小工作压力和满足喷头的最小喷洒流量。二者中通过计算取较大值。

②根据最不利点的压力计算出喷头的流量,然后采用水力学方法和水力计算表,

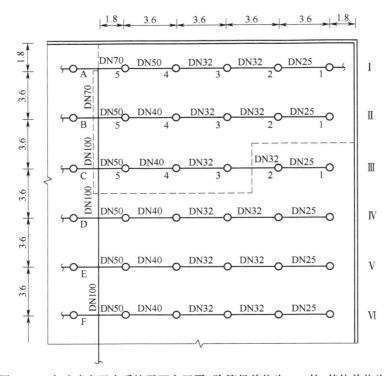

图 6.34 自动喷水灭火系统平面布置图(除管径单位为 mm 外,其他单位为 m)

依次计算至 B 点的实际压力。

③假设管段Ⅱ中 1 点的压力,然后根据计算公式,采用 Excel 计算表,计算出 B 点的假设压力,可以调整管段Ⅱ中 1 点的流量和优化设计管段的管径,直到二者的计算压力相符。

④依此类推,计算出管段Ⅲ中喷头的流量。

⑤计算作用面积内所有喷头的流量。

(2)计算结果

Ⅰ管段为压力控制管段,需要设计成经济流速,因此其水力坡度需要利用水力计算表格查出。假设 0.1 MPa(10 mH$_2$O)能够满足规范规定喷头的最小喷洒流量的要求,其计算其结果见表 6.15。

通过表 6.15 可以得出,在作用面积内Ⅰ管段的流量 $Q_Ⅰ$ 为 7.91 L/s。

Ⅱ管段为非压力控制管段,因此,设计先采用规范所规定的最小管径,按该管段上最不利控制点(喷头 1)的压力进行试算。若计算结果的压力大于实际,则需要调整管径,直至计算的压力小于或者等于按压力控制管线计算的压力。然后再调整该管段上 1 点的压力,直至 B 点的试算压力和实际计算的压力相一致。水力坡度的公式采用规范规定的计算公式。管道的局部水头损失,也按规范规定采用当量长度法计算。但规范规定的计算方法较简略,此处依从简处理。

表 6.15 Ⅰ 管段计算一览表

节点编号	节点压力 (mH₂O)	节点流量 (L/s)	管段编号	管段流量 (L/s)	管径 DN	水力坡度 i(mH₂O/m)	管长 (m)	局部损失当量长度 (m)	管段总水头损失 (mH₂O)
1	10	1.382 815 7	1-2	1.328 157	25	0.773	3.6	0.6	3.2466
2	13.246 6	1.528 627	2-3	2.856 784	32	0.217	3.6	1.8	1.171 8
3	14.418 4	1.594 806	3-4	4.451 589	32	0.22	3.6	1.8	1.188
4	15.606 4	1.659 207	4-5	6.110 797	50	0.413	3.6	3.1	2.767 1
5	18.373 5	1.800 301	5-A	7.911 098	70	0.181	1.8	3.7	0.995 5
A	19.369	0	A-B	7.911 098	70	0.181	3.6	3.7	1.321 3
B	20.690 3								

结合 Excel 计算表,其第一次试算结果见表 6.16。

表 6.16 Ⅱ 管段以最不利压力(10 mH₂O)进行的第一次试算结果

节点编号	节点压力(mH₂O)	节点流量(L/s)	管段编号	管段流量(L/s)	DN	计算内径 (mm)	平均流速 (m/s)	管段长度 (m)	当量长度 (m)	水力坡度 (mH₂O/m)	总水头损失(mH₂O)
1	10	1.328 16	1-2	1.328 16	25	26	2.501 6	3.6	0.6	0.769 74	3.232 906
2	13.232 9	1.527 84	2-3	2.855 99	32	34.75	1.610 9	3.6	1.8	0.218 926	1.1822
3	14.415 1	1.594 62	3-4	4.450 62	32	34.75	1.681 4	3.6	1.8	0.238 484	1.287 816
4	15.702 9	1.664 33	4-5	6.114 95	40	40	1.324 4	3.6	2.4	0.123 244	0.739 463
5	16.442 4	1.703 07	5-B	7.818 01	50	52	0.801 9	1.8	3.1	0.032 125	0.157 415
B	16.599 8										

通过表 6.16 可以看到,得到 B 点的压力 16.599 8 mH₂O 低于表 6.15 中计算的实际压力 20.690 3 mH₂O,因此,不需要调整设计管段的管径,而只需要增加节点 1 的压力进行试算则可,直至试算点的压力和计算的实际压力一致即可。而非压力控制管段不需要采用经济流速,只需要采用公式计算即可。在 Excel 的帮助下,其计算比查表更加方便。每更改一次管段 Ⅱ 中 1 点的压力,则在 Excel 表中获得一个 B 点的计算结果。在误差允许的范围内,找出最接近的一次试算,则其相对应的流量则为管段 Ⅱ 的流量。其试算最终结果见表 6.17。

表 6.17　Ⅱ管段最终试算结果

节点编号	节点压力(mH₂O)	节点流量(L/s)	管段编号	管段流量(L/s)	DN	计算内径(mm)	平均流速(m/s)	管段长度(m)	当量长度(m)	水力坡度(mH₂O/m)	总水头损失(mH₂O)
1	12.46	1.482 55	1-2	1.482 55	25	26	2.792 4	3.6	0.6	0.959 096	4.028 201
2	16.488 2	1.705 44	2-3	3.187 98	32	34.75	1.798 2	3.6	1.8	0.272 782	1.473 022
3	17.961 2	1.779 99	3-4	4.967 97	32	34.75	1.876 8	3.6	1.8	0.297 152	1.604 618
4	19.565 8	1.857 8	4-5	6.825 77	40	40	1.478 4	3.6	2.4	0.153 562	0.921 371
5	20.487 2	1.901 04	5-B	8.726 81	50	52	0.895 1	1.8	3.1	0.040 028	0.196 139
B	20.683 4										

从表 6.17 可以得出Ⅱ管段的流量 $Q_{Ⅱ}$ 为 8.73 L/s。

因为 B-C 管段是在压力控制管路上,因此,采用钢管水力计算表查找水力坡度计算 C 点的压力,其计算结果见表 6.18。

表 6.18　C 点压力计算一览表

节点编号	节点压力(mH₂O)	节点流量(L/s)	管段编号	管段流量(L/s)	DN	管段长度(m)	当量长度(m)	水力坡度(mH₂O/m)	总水头损失(mH₂O)
B	20.69	0	B-C	16.64	100	3.6	6.1	0.074 06	0.718 382
C	21.408 4								

同样,可以对Ⅲ管段的流量进行试算法确定,其计算结果见表 6.19。

表 6.19　Ⅲ管段最终试算结果

节点编号	节点压力(mH₂O)	节点流量(L/s)	管段编号	管段流量(L/s)	DN	计算内径(mm)	平均流速(m/s)	管段长度(m)	当量长度(m)	水力坡度(mH₂O/m)	总水头损失(mH₂O)
3	18.59	1.810 88	3-4	1.810 88	32	34.75	1.909 4	3.6	1.8	0.307 554	1.660 792
4	20.250 8	1.890 04	4-5	3.700 91	40	40	1.504	3.6	2.4	0.158 938	0.953 626
5	21.204 4	1.934 03	5-C	5.734 94	50	52	0.910 7	1.8	3.1	0.041 43	0.203 005
C	21.407 4										

通过表 6.19 可以得出Ⅲ管段的流量 $Q_{Ⅲ}$ 为 5.63L/s。

通过试算法可以获得,在该条件下,作用面积内的流量为:

$$Q_s = \sum_{i=1}^{n} q_i = Q_Ⅰ + Q_Ⅱ + Q_Ⅲ = 7.91 + 8.73 + 5.63 = 22.27(L/s)$$

整个计算均可采用统一的 Excel 表格进行,操作简单、结果精确。在压力试算中可以优化控制作用面积的管径设计,尽量降低工程造价,具有较好的实用价值。本例中管径的优化设计如图 6.34 所示。从图 6.34 可以看出,非压力控制管路和压力控制管路相比,较多的管段的管径可以减小。

7 火灾自动报警系统

火灾自动报警系统是火灾探测报警与消防联动控制系统的简称,是以实现火灾早期探测和报警、向各类消防设备发出控制信号并接收设备反馈信号,进而实现预定消防功能为基本任务的一种自动消防设施。

火灾自动报警系统一般设置在火灾危害较大的场所,与自动灭火系统、防排烟系统以及防火分隔设施等其他消防设施一起构成完整的建筑消防系统。

火灾自动报警系统的组成如图 7.1 所示。在火灾自动报警系统中,火灾报警控制器和消防联动控制器是核心组件,是系统中火灾报警与警报的监控管理枢纽和人机交互平台。

7.1 火灾自动报警系统分类及适用范围

火灾自动报警系统根据保护对象及设立的消防安全目标不同分为区域、集中和控制中心报警系统三类。

1. 区域报警系统

区域报警系统是组成自动报警系统最常用的设备之一,由区域火灾报警控制器和火灾探测器等组成,或由火灾报警控制器和火灾探测器等组成。功能简单的火灾自动报警系统适用于较小范围的保护。区域火灾报警控制器的主要特点是控制器直接连接火灾探测器,处理各种报警信息。

区域报警系统的组成如图 7.2 所示。

2. 集中报警系统

集中报警系统由集中火灾报警控制器、区域火灾报警控制器和火灾探测器等组成,或由火灾报警控制器、区域显示器和火灾探测器等组成功能较复杂的火灾自动报警系统。集中火灾报警控制器适用于较大范围内多个区域的保护,其主要特点是一般不是与火灾探测器相连,而是与区域火灾报警控制器相连,处理区域级火灾报警控制器送来信号,常使用在较大型系统中。

集中报警系统的组成如图 7.3 所示。

3. 控制中心报警系统

控制中心报警系统兼有区域、集中两级火灾报警控制器的双重特点。通过设置

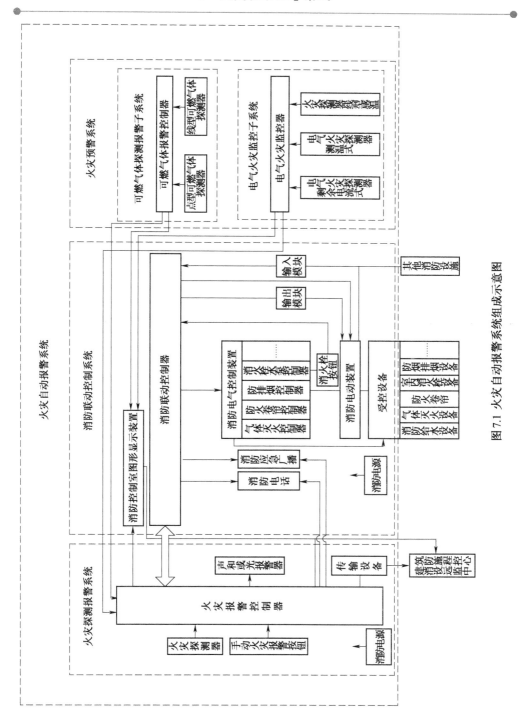

图 7.1 火灾自动报警系统组成示意图

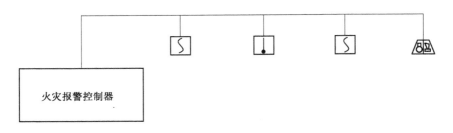

序号	图例	名称	备注	序号	图例	名称	备注
1	Ⓢ	感烟火灾探测器		10	FI	火灾显示盘	
2		感温火灾探测器		11	SFJ	送风机	
3		烟温复合探测器		12	XFB	消防泵	
4		火灾声光警报器		13		可燃气体探测器	
5		线型光束探测器		14	M	输入模块	GST-LD-8300
6		手动报警按钮		15	C	控制模块	GST-LD-8301
7		消火栓报警按钮		16	H	电话模块	GST-LD-8304
8		报警电话		17	G	广播模块	GST-LD-8305
9		吸顶式音箱		18			

图 7.2　区域报警系统的组成示意图

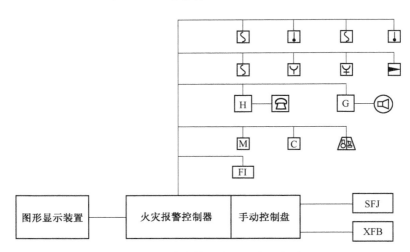

图 7.3　集中报警系统的组成示意图

或修改某些参数(硬件或者是软件方面),既可连接探测器作为区域级使用,又可连接区域火灾报警控制器作为集中级使用。

控制中心报警系统的组成如图 7.4 所示。

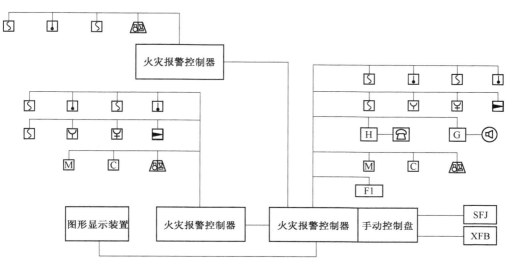

图 7.4　控制中心报警系统的组成示意图

7.2　火灾探测报警系统

7.2.1　火灾探测报警系统组成及工作原理

1. 火灾探测报警系统组成

火灾探测报警系统由火灾报警控制器、触发器件和火灾警报装置等组成。

（1）触发器件

自动或手动产生火灾报警信号的器件称为触发器件,主要包括火灾探测器和手动火灾报警按钮。

（2）火灾报警装置

用以接收、显示和传递火灾报警信号,并能发出控制信号和具有其他辅助功能的控制指示设备称为火灾报警装置。

（3）火灾警报装置

在火灾自动报警系统中,用以发出区别于环境的声、光等火灾警报信号的装置称为火灾警报装置。它以声、光等方式向报警区域发出火灾警报信号,以警示人们迅速采取安全疏散,以及进行灭火救灾措施。

（4）电源

火灾自动报警系统属于消防用电设备,其主电源应当采用消防电源,备用电源可采用蓄电池。

2. 火灾探测报警系统工作原理

火灾发生时,安装在保护区域现场的火灾探测器,将火灾产生的烟雾、热量和光辐射等火灾特征参数转变为电信号,经数据处理后,将火灾特征参数信息传输至火灾报警控制器;或直接由火灾探测器做出火灾报警判断,将报警信息传输到火灾报警控制器。火灾报警控制器在接收到探测器的火灾特征参数信息或报警信息后,经报警确认判断,显示报警探测器的部位,记录探测器火灾报警的时间。处于火灾现场的人员,在发现火灾后可立即触动安装在现场的手动火灾报警按钮,手动报警按钮便将报警信息传输到火灾报警控制器,火灾报警控制器在接收到手动火灾报警按钮的报警信息后,经报警确认判断,显示动作的手动报警按钮的部位,记录手动火灾报警按钮报警的时间。火灾报警控制器在确认火灾探测器和手动火灾报警按钮的报警信息后,驱动安装在被保护区域现场的火灾警报装置,发出火灾警报,向处于被保护区域内的人员警示火灾的发生。

火灾探测报警系统的工作原理如图 7.5 所示。

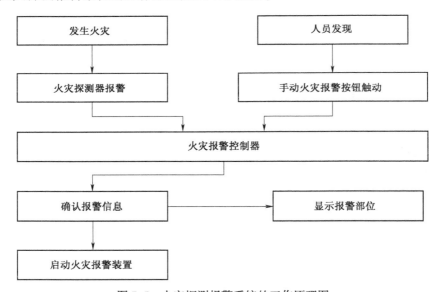

图 7.5　火灾探测报警系统的工作原理图

7.2.2　火灾探测器

1. 火灾探测器分类

火灾探测器是消防报警系统的"感觉器官",它至少含有一个能够连续或以一定频率周期监视与火灾有关的适宜的物理和(或)化学现象的传感器,并且至少能够向控制和指示设备提供一个合适的信号,是否报火警或操纵自动消防设备,其作用是监控环境的火灾是否发生。一旦发生火灾,就会把火灾的特征物理量如烟雾浓度、温度、气体和辐射强度等特征转换成电信号,并向消防控制器发送及报警。

根据检测的火灾特性不同,火灾探测器可分为感烟、感温、感光、复合和气体等五种类型,而每个类型又根据其工作原理又有不同的种类。其具体如图 7.6 所示。

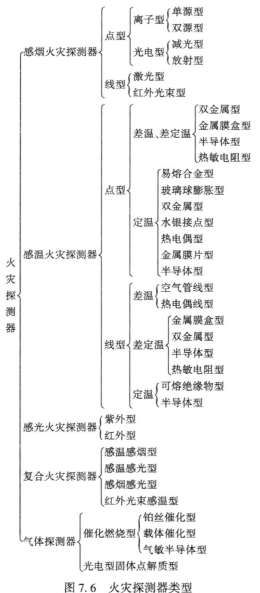

图 7.6　火灾探测器类型

1）根据探测火灾特征参数分类

（1）感温火灾探测器：响应异常温度、温升速率和温差变化等参数的探测器。

（2）感烟火灾探测器：响应悬浮在大气中的燃烧和（或）热解产生的固体或液体微粒的探测器，进一步可分为离子感烟、光电感烟、红外光束、吸气型等。

（3）感光火灾探测器：响应火焰发出的特定波段电磁辐射的探测器，又称火焰探测器，进一步可分为紫外、红外及复合式等类型。

（4）气体火灾探测器：响应燃烧或热解产生的气体的火灾探测器。

（5）复合火灾探测器：将多种探测原理集中于一身的探测器，它进一步又可分为烟温复合、红外紫外复合等火灾探测器。

此外，还有一些特殊类型的火灾探测器，包括：使用摄像机、红外热成像器件等视频设备或它们的组合方式获取监控现场视频信息，进行火灾探测的图像型火灾探测器；利用超声原理探测火灾的超声波火灾探测器等。

2）根据监视范围分类

（1）点型火灾探测器：响应一个小型传感器附近的火灾特征参数的探测器。

（2）线型火灾探测器：响应某一连续路线附近的火灾特征参数的探测器。

此外，还有一种多点型火灾探测器：响应多个小型传感器（例如热电偶）附近的火灾特征参数的探测器。

3）根据其是否具有复位（恢复）功能分类

（1）可复位探测器：在响应后和在引起响应的条件终止时，不更换任何组件即可从报警状态恢复到监视状态的探测器。

（2）不可复位探测器：在响应后不能恢复到正常监视状态的探测器。

4）根据其是否具有可拆卸性分类

（1）可拆卸探测器：探测器设计成容易从正常运行位置上拆下来，以方便维修和保养。

（2）不可拆卸探测器 ：在维修和保养时，探测器设计成不容易从正常运行位置上拆下来。

2. 火灾报警器选择

需要根据探测区域内初期火灾形成及发展特性、环境条件、空间高度等选择火灾探测器。

1）火灾探测器选择的一般原则

对在初期有阴燃阶段产生大量烟和少量热的火灾，如果很少或没有火焰辐射的场所，则选择感烟探测器。若火灾发展迅速，能够产生大量的烟、热和火焰辐射，则可选择感烟、感温、感光或其组合；若有强烈的火焰及少量的烟、热的场所，则选择感光探测器。对阴燃阶段，需要早期探测的场所，宜设置一氧化碳气体探测器。

2)点型火灾探测器的选择

(1)对不同高度的房间,可按表7.1选择点型火灾探测器。

表7.1 对不同高度的房间点型火灾探测器的选择

房间高度 h (m)	点型感烟火灾探测器	点型感温火灾探测器			火焰探测器
		A1、A2	B	C、D、E、F、G	
12 < h≤20	不适合	不适合	不适合	不适合	适 合
8 < h≤12	适 合	不适合	不适合	不适合	适 合
6 < h≤8	适 合	适 合	不适合	不适合	适 合
4 < h≤6	适 合	适 合	适 合	不适合	适 合
h≤4	适 合	适 合	适 合	适 合	适 合

注:表中 A1、A2、B、C、D、E、F、G 为点型感温探测器的不同类别,其具体参数应符合表7.2的规定。

表7.2 点型感温火灾探测器分类

探测器类别	典型应用温度 (℃)	最高应用温度 (℃)	动作温度下限值 (℃)	动作温度上限值 (℃)
A1	25	50	54	65
A2	25	50	54	70
B	40	65	69	85
C	55	80	84	100
D	70	95	99	115
E	85	110	114	130
F	100	125	129	145
G	115	140	144	160

(2)下列场所宜选择点型感烟火灾探测器:

饭店、旅馆、教学楼、办公楼的厅堂、卧室、办公室、商场等;计算机房、通信机房、电影或电视放映室等;楼梯、走道、电梯机房、车库等;书库、档案库等。

(3)符合下列条件之一的场所,不宜选择点型离子感烟火灾探测器:

相对湿度经常大于95%;气流速度大于5 m/s;有大量粉尘、水雾滞留;可能产生腐蚀性气体;在正常情况下有烟滞留;产生醇类、醚类、酮类等有机物质。

(4)符合下列条件之一的场所,不宜选择点型光电感烟火灾探测器:

有大量粉尘、水雾滞留;可能产生蒸汽和油雾;高海拔地区;在正常情况下有烟滞留等。

(5)符合下列条件之一的场所,宜选择点型感温火灾探测器;且应根据使用场所的典型应用温度和最高应用温度选择适当类别的感温火灾探测器:

相对湿度经常大于95%;可能发生无烟火灾;有大量粉尘;吸烟室等在正常情况下有烟或蒸汽滞留的场所;厨房、锅炉房、发电机房、烘干车间等不宜安装感烟火灾探测器的场所;需要联动熄灭"安全出口"标志灯的安全出口内侧;其他无人滞留、且不适合安装感烟火灾探测器,但发生火灾时需要及时报警的场所。

(6)可能产生阴燃或发生火灾不及时报警将造成重大损失的场所,不宜选择点型感温火灾探测器;温度在0℃以下的场所,不宜选择定温探测器;温度变化较大的场所,不宜选择具有差温特性的探测器。

(7)符合下列条件之一的场所,宜选择点型火焰探测器或图像型火焰探测器:

火灾时有强烈的火焰辐射;可能发生液体燃烧等无阴燃阶段的火灾;需要对火焰做出快速反应。

(8)符合下列条件之一的场所,不宜选择点型火焰探测器和图像型火焰探测器:

在火焰出现前有浓烟扩散;探测器的镜头易被污染;探测器的"视线"易被油雾、烟雾、水雾和冰雪遮挡;探测区域内的可燃物是金属和无机物;探测器易受阳光、白炽灯等光源直接或间接照射。

(9)探测区域内正常情况下有高温物体的场所,不宜选择单波段红外火焰探测器。

(10)正常情况下有阳光、明火作业,探测器易受X射线、弧光和闪电等影响的场所,不宜选择紫外火焰探测器。

(11)下列场所宜选择可燃气体探测器:

使用可燃气体的场所;燃气站和燃气表房以及存储液化石油气罐的场所;其他散发可燃气体和可燃蒸汽的场所。

(12)在火灾初期产生一氧化碳的下列场所可选择点型一氧化碳火灾探测器:

烟雾不容易对流或顶棚下方有热屏障的场所;在棚顶上无法安装其他点型火灾探测器的场所;需要多信号复合报警的场所。

(13)污物较多且必须安装感烟火灾探测器的场所,应选择间断吸气的点型采样吸气式感烟火灾探测器或具有过滤网和管路自清洗功能的管路采样吸气式感烟火灾探测器。

3)线型火灾探测器的选择

(1)无遮挡的大空间或有特殊要求的房间,宜选择线型光束感烟火灾探测器。

(2)符合下列条件之一的场所,不宜选择线型光束感烟火灾探测器:

有大量粉尘、水雾滞留;可能产生蒸汽和油雾;在正常情况下有烟滞留;固定探测器的建筑结构由于振动等原因会产生较大位移的场所。

(3)下列场所或部位,宜选择缆式线型感温火灾探测器:

电缆隧道、电缆竖井、电缆夹层、电缆桥架;不易安装点型探测器的夹层、闷顶;各种皮带输送装置;其他环境恶劣不适合点型探测器安装的场所。

（4）下列场所或部位,宜选择线型光纤感温火灾探测器:

除液化石油气外的石油储罐;需要设置线型感温火灾探测器的易燃易爆场所;需要监测环境温度的地下空间等场所宜设置具有实时温度监测功能的线型光纤感温火灾探测器;公路隧道、敷设动力电缆的铁路隧道和城市地铁隧道等。

（5）线型定温火灾探测器的选择,应保证其不动作温度符合设置场所的最高环境温度的要求。

4）吸气式感烟火灾探测器的选择

（1）下列场所宜选择吸气式感烟火灾探测器:

具有高速气流的场所;点型感烟、感温火灾探测器不适宜的大空间、舞台上方、建筑高度超过 12 m 或有特殊要求的场所;低温场所;需要进行隐蔽探测的场所;需要进行火灾早期探测的重要场所;人员不宜进入的场所。

（2）灰尘比较大的场所,不应选择没有过滤网和管路自清洗功能的管路采样式吸气感烟火灾探测器。

3. 手动火灾报警按钮

手动火灾报警按钮是通过手动操作报警按钮的启动机构向火灾报警控制器发出火灾报警信号。

手动火灾报警按钮按编码方式分为编码型报警按钮与非编码型报警按钮。

7.3　消防联动控制系统

1. 消防联动控制系统组成

消防联动控制系统由消防联动控制器、消防控制室图形显示装置、消防电气控制装置(防火卷帘控制器、气体灭火控制器等)、消防电动装置、消防联动模块、消火栓按钮、消防应急广播设备、消防电话等设备和组件组成。在火灾发生时,联动控制器按设定的控制逻辑准确发出联动控制信号给消防泵、喷淋泵、防火门、防火阀、防排烟阀和通风等消防设备,完成对灭火系统、疏散指示系统、防排烟系统及防火卷帘等其他消防有关设备的控制功能。当消防设备动作后将动作信号反馈给消防控制室并显示,实现对建筑消防设施的状态监视功能,即接收来自消防联动现场设备以及火灾自动报警系统以外的其他系统的火灾信息或其他信息的触发和输入功能。

1）消防联动控制器

消防联动控制器是消防联动控制系统的核心组件。它通过接收火灾报警控制器发出的火灾报警信息,按预设逻辑对建筑中设置的自动消防系统(设施)进行联动控制。消防联动控制器可直接发出控制信号,通过驱动装置控制现场的受控设备;对于控制逻辑复杂且在消防联动控制器上不便实现直接控制的情况,可通过消防电气控制装置(如防火卷帘控制器、气体灭火控制器等)间接控制受控设备,同时接收自动消防系统(设施)动作的反馈信号。

2)消防控制室图形显示装置

消防控制室图形显示装置用于接收并显示保护区域内的火灾探测报警及联动控制系统、消火栓系统、自动灭火系统、防烟排烟系统、防火门及卷帘系统、电梯、消防电源、消防应急照明和疏散指示系统、消防通信等各类消防系统及系统中的各类消防设备(设施)运行的动态信息和消防管理信息,同时还具有信息传输和记录功能。

3)消防电气控制装置

消防电气控制装置的功能是用于控制各类消防电气设备,它一般通过手动或自动的工作方式来控制各类消防泵、防烟排烟风机、电动防火门、电动防火窗、防火卷帘、电动阀等各类电动消防设施的控制装置及双电源互换装置,并将相应设备的工作状态反馈给消防联动控制器进行显示。

4)消防电动装置

消防电动装置的功能是电动消防设施的电气驱动或释放,它是包括电动防火门窗、电动防火阀、电动防烟排烟阀、气体驱动器等电动消防设施的电气驱动或释放装置。

5)消防联动模块

消防联动模块是用于消防联动控制器和其所连接的受控设备或部件之间信号传输的设备,包括输入模块、输出模块和输入输出模块。输入模块的功能是接收受控设备或部件的信号反馈并将信号输入到消防联动控制器中进行显示,输出模块的功能是接收消防联动控制器的输出信号并发送到受控设备或部件,输入输出模块则同时具备输入模块和输出模块的功能。

6)消火栓按钮

消火栓按钮是手动启动消火栓系统的控制按钮。

7)消防应急广播设备

消防应急广播设备由控制和指示装置、声频功率放大器、传声器、扬声器、广播分配装置、电源装置等部分组成,是在火灾或意外事故发生时通过控制功率放大器和扬声器进行应急广播的设备,它的主要功能是向现场人员通报火灾发生,指挥并引导现场人员疏散。

8)消防电话

消防电话是用于消防控制室与建筑物中各部位之间通话的电话系统。由消防电话总机、消防电话分机、消防电话插孔构成。消防电话是与普通电话分开的专用独立系统,一般采用集中式对讲电话,消防电话的总机设在消防控制室,分机分设在其他各个部位。其中消防电话总机是消防电话的重要组成部分,能够与消防电话分机进行全双工语音通信。消防电话分机设置在建筑物中各关键部位,能够与消防电话总机进行全双工语音通信;消防电话插孔安装在建筑物各处,插上电话手柄就可以和消防电话总机通信。

2. 消防联动控制系统工作原理

火灾发生时,火灾探测器和手动火灾报警按钮的报警信号等联动触发信号传输至消防联动控制器,消防联动控制器按照预设的逻辑关系对接收到的触发信号进行识别判断,在满足逻辑关系条件时,消防联动控制器按照预设的控制时序启动相应自动消防系统(设施),实现预设的消防功能;消防控制室的消防管理人员也可以通过操作消防联动控制器的手动控制盘直接启动相应的消防系统(设施),从而实现相应消防系统(设施)预设的消防功能。消防联动控制接收并显示消防系统(设施)动作的反馈信息。

消防联动控制系统的工作原理如图 7.7 所示。

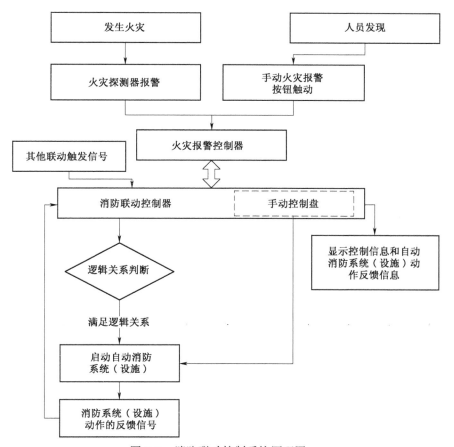

图 7.7　消防联动控制系统原理图

参 考 文 献

[1] 屈立军. 建筑防火[M]. 北京:中国人民公安大学出版社,2006.

[2] 蔡云. 建设工程消防设计审核与验收实务[M]. 北京:国防工业出版社,2012.

[3] 何天祺. 供暖通风与空气调节[M]. 建筑环境与设备工程系列教材. 重庆:重庆大学出版社,2010.

[4] 程远平,朱国庆. 水灭火工程[M]. 北京:中国矿业大学出版社,2011.

[5] 张树平. 建筑防火设计[M]. 北京:中国建筑工业出版社,2009.

[6] 公安部消防局. 中国消防手册[M]. 上海:上海科学技术出版社,2006.

[7] 王金元. 民用建筑电气设计规范[M]. 北京:中国电力出版社,2008.

[8] 阎士琦. 建筑电气防火实用手册[M]. 北京:中国电力出版社,2005.

[9] 公安部消防局. 注册消防工程师资格考试辅导材——消防安全技术实务[M]. 北京:机械工业出版社,2014.

[10] 和丽秋. 消防燃烧学[M]. 北京:机械工业出版社,2014.

[11] 中华人民共和国公安部消防局. 中国消防手册(第一卷)[M]. 上海:上海科学技术出版社,2010.

[12] GB 25506 消防控制室通用技术要求[S]. 北京:中国标准出版社,2010.

[13] GB 8624 建筑材料及制品燃烧性能分级[S]. 北京:中国标准出版社,2012.

[14] GB 50016 建筑设计防火规范[S]. 北京:中国标准出版社,2014.

[15] GB 50067 汽车库、修车库、停车场设计防火规范[S]. 北京:中国标准出版社,1997.

[16] GB 50229 火力发电厂与变电站设计防火规范[S]. 北京:中国标准出版社,2006.

[17] GB 5004 锅炉房设计规范[S]. 北京:中国标准出版社,2011.

[18] GB 14287 电气火灾监控系统[S]. 北京:中国标准出版社,2005.

[19] GB 50084 自动喷水灭火系统设计规范[S]. 北京:中国标准出版社,2001.

[20] GB/T 4968 火灾分类[S]. 北京:中国标准出版社,2008.

[21] GB 50045 高层民用建筑设计防火规范[S]. 北京:中国标准出版社,2005.

[22] GB 50169 电气装置工程接地装置施工及验收规范[S]. 北京:中国标准出版社,2006.

[23] GA 498 厨房设备灭火装置[S]. 北京:中国标准出版社,2012.

[24] GA 503 建筑消防设施检测技术规程[S]. 北京:中国标准出版社,2004.

[25] GA 587 建筑消防设施的维护管理[S]. 北京:中国标准出版社,2005.

[26] JGJ 16 民用建筑电气设计规范[S]. 北京:中国建筑工业出版社,2008.